阿尔金山
国家级自然保护区
野生动植物图谱

刘全儒　董世魁　张翔　马鸣
胡红英　买买提明·苏来曼　等／编

中国环境出版集团·北京

图书在版编目（CIP）数据

阿尔金山国家级自然保护区野生动植物图谱 / 刘全儒等编. -- 北京 : 中国环境出版集团， 2018.8
ISBN 978-7-5111-3384-7

Ⅰ. ①阿… Ⅱ. ①刘… Ⅲ. ①阿尔金山—自然保护区—野生动物—图谱②阿尔金山—自然保护区—野生植物—图谱 Ⅳ. ①Q958.524.5-64②Q948.524.5-64

中国版本图书馆CIP数据核字(2017)第264751号

出 版 人　武德凯
责任编辑　李兰兰
责任校对　任　丽
装帧设计　宋　瑞

出版发行　中国环境出版集团
（100062　北京市东城区广渠门内大街16号）
网　　址：http://www.cesp.com.cn
电子邮箱：bjgl@cesp.com.cn
联系电话：010-67112765（编辑管理部）
010-67112735（第一分社）
发行热线：010-67125803，010-67113405（传真）
印装质量热线：010-67113404

印　　刷　北京中科印刷有限公司
经　　销　各地新华书店
版　　次　2018年8月第1版
印　　次　2018年8月第1次印刷
开　　本　880×1230　1 / 32
印　　张　13.25
字　　数　472千字
定　　价　98.00元

前言

阿尔金山国家级自然保护区位于青藏高原北部边缘——东昆仑山中段，是我国乃至世界上最早建立的高原生态类型自然保护区，主要保护对象为典型高原生态类型中的荒漠、草原、湖泊、湿地、冻土等自然生态系统、高原野生动植物及其栖息地。阿尔金山国家级自然保护区是中国的“四大无人区”之一，完好保留着青藏高原的典型高寒生态系统，拥有特丰富的野生动植物资源，被誉为“高原生物的基因库”和“野生动物的王国”，具有极高的保护价值。然而近年来，受气候变化和人类活动的严重影响，阿尔金山国家级自然保护区的生态安全遭受严重威胁，野生动植物栖息地的有效保护受到严重挑战。自 2012 年起，我们在环保公益性行业科研专项经费项目“高寒荒漠区国家级自然保护区生态监测和综合管理研究”、科技支撑项目“高寒草地生物多样性综合保护与持续利用技术”等项目的支持下，连续七次进入阿尔金山国家级自然保护区进行科学考察，系统开展了保护区内野生动植物多样性分异规律及变化趋势、野生有蹄类动物的种群数量及动态变化、自然保护区生态风险及生态安全格局等研究工作，详细记录了阿尔金山国家级自然保护区的自然景观、生态系统、野生动植物等弥足珍贵的影像和文字资料。为了让大家更好地了解阿尔金山国家级自然保护区的生物多样性及其价值，我们将这些资料整理、编撰、凝练为《阿尔金山国家级自然保护区野生动植物图谱》一书。

全书分为植物和动物两大篇，植物篇包括苔藓植物和种子植物两部分，共收载苔藓植物68种，隶属于14科、23属；种子植物201种（含种下分类等级，下同），隶属于30科、99属；裸子植物2种，隶属于1科、1属；被子植物199种，隶属于29科、98属。其中种子植物的系统排列采用恩格勒系统。动物篇包含无脊椎动物（昆虫）和脊椎动物两部分，共收载无脊椎动物（昆虫）20种，隶属于5目、15科、20属；脊椎动物100种，隶属于19目、38科、55属，其中爬行类2目、2科、3属、3种；鸟类12目、28科、33属、74种；哺乳类5目、8科、20属、23种。

本书的写作意图在于将阿尔金山国家级自然保护区丰富的动植物图片、分类特征、保护价值介绍给广大读者，为从事生物多样性保护、保护区管理、生态保护与恢复、野生动植物管理等领域的科研人员、管理人员和大专院校师生提供阿尔金山国家级自然保护区野生动植物保护的基础资料，为普通读者提供阿尔及金山国家级自然保护区野生动植物识别的科普工具，从而为公众广泛参与阿尔金山等高寒生态系统的野生动植物保护提供科技支撑。

本书的研究工作得到国家重点研发计划专项“三江源区退化高寒生态系统恢复技术及示范”课题“生态恢复效果与生态功能提升能力监测评估（2016YFC0501906）”、环保公益性行业科研专项经费项目“高寒荒漠区国家级自然保护区生态监测和综合管理研究（201209033）”、国家“十二五”科技支撑课题“高寒草地生物多样性综合保护与持续利用技术（2012BAC01B02）”等项目资助，在此表示衷心感谢！项目研究过程中，曾得到北京师范大学杨志峰院士、康慕谊教授、江源教授、崔保山教授、刘世梁教授、石建斌副教授、李晓文副教授的帮助和支持，曾得到中国科学院生态环境中心刘国华研究员、中国林业科学研究院李迪强研究员、中国环境科学研究院李俊生研究员、青海大学董全明研究员、兰州大学尚占环教授、中国农业大学草地研究所邵新庆副教授、中国科学院西北高原生物研究所周华坤研究员、中国农业科学院环境与可持续发展研究所高清竹研究员等同仁的支持和帮助，北京师范大学研究生吴磊、伍凯、王学霞、李媛媛、苏旭坤、李晋鹏、吴娱、汤琳、张勇、武晓宇、沙威、李帅、高晓霞及中国农业大学研究生王建勋参加了大量野外调查工作，伍凯、蒋媛媛、刘丹辉同学在种子植物编写过程中做了不少录入工作，在此一并致谢！感谢新疆环境科学研究院李维东副研究员等曾在阿尔金山国家级自然保护区开展过科考的同仁，他们的工作为本项目研究提供了丰富的基础资料！特别要感谢新疆阿尔金山国家级自然保护区管理局徐长征局长、李映清原书记、高峰站长、许东华主任、翁晋站长、李欢站长的大力支持和帮助！

在本书的选题、立项、编写和校审过程中，得到了中国环境出版集团李兰兰编辑的帮助，在此深表感谢！

本书撰写分工如下：

种子植物：刘全儒

苔藓与地衣：买买提明•苏来曼

哺乳类：董世魁、马鸣、张翔

鸟类：董世魁、马鸣、张翔

昆虫：胡红英

全书由刘全儒统稿和审校。书中的照片除部分注明来源外，其他照片中苔藓植物由买买提明•苏来曼拍摄，种子植物由刘全儒、吴磊、伍凯、张翔、买买提明•苏来曼拍摄。

由于编者水平有限，书中不当之处在所难免，希望广大读者不吝赐教，及时指出本书的不足和错误之处，并希望提出修改建议和意见，以便我们日后不断改进和完善。

刘全儒　董世魁

2018 年 6 月于北京

目录

植物篇 /1

一、苔藓植物 /2

动物篇 /271

一、无脊椎动物——昆虫 /272

二、脊椎动物 /292

Ⅰ 两栖爬行类 /292

阿尔金山国家级自然保护区野生动植物图谱

Zhi Wu

植物篇

Aerjinshan
Guojiaji Ziran Baohuqu
Yesheng Dongzhiwu Tupu

一、苔藓植物

1. 角齿藓
Ceratodon purpureus (Hedw.) Brid.

分类地位： 牛毛藓科角齿藓属

英文名称： Ceratodon Moss

形态特征： 植物体黄绿色或绿色，密集丛生；茎直立，单一或具少数短分枝，基部具假根，横切面具小型薄壁中轴细胞；叶片披针形，渐尖，叶边缘明显背卷或背弯；中肋单一，粗壮，及顶或突出于叶尖；叶中上部细胞近方形，基部细胞短长方形；雌雄异株；雌苞叶长鞘状，基部宽大，上部具细尖；蒴柄直立，红褐色，长 1.0 ～ 2.0 cm；孢蒴平展或倾斜，红棕色，宽卵形或长卵形，表面具明显纵沟和纵棱；环带分化，由 2 ～ 3 列厚壁细胞组成。蒴齿 16，披针形，各 2 裂近基部；蒴盖圆锥体形；蒴帽兜形；孢子小，黄色，表面平滑。

生物学特征： 生于各种基质的环境中，多长在干燥开阔土地上，有时见于岩面薄土。

地理分布： 世界分布种，我国各地常见分布；阿尔金山小沙子泉、阿其克湖东部、卡尔墩有分布。

生态价值： 为高寒荒漠常见种，对保持水土和形成生态景观有重要作用。

2. 对叶藓

Distichium capillaceum (Hedw.) Bruch et Schimp.

分类地位：牛毛藓科对叶藓属

英文名称：Distichium Moss

形态特征：植物体细长，扁平，黄绿色或鲜绿色，具光泽，密集丛生；茎直立，或稀疏叉状分枝，横切面具大型中轴细胞，基部多具红色茸状假根；叶两列，紧密排列，对生；叶片从直立高鞘状基部向上很快成狭披针形，叶尖细长，为鞘状基部长的 2 ～ 3 倍；叶缘平直，上部多数具瘤突；中肋单一，扁宽，占满整个叶上部；叶基部细胞窄长形，肩部细胞不规则多边形；雌雄同株或异株；雌苞叶与茎叶同形；蒴柄直立。红棕色；蒴帽直立，对称，长椭圆形，有时长卵形；蒴齿单层，齿片 16，短披针形；环带分化，由 1 ～ 2 列大型厚壁细胞组成；蒴盖圆锥形；蒴帽兜形，平滑；孢子黄褐色，圆球形，表面具粗密瘤。

生物学特征：生于高山石灰岩峰或薄土上，有时见于潮湿砂石及冰川旁岩面。

地理分布：近世界分布，我国各地多有分布；阿尔金山卡尔墩老头山、祁漫塔格、阿其克湖东部有分布。

生态价值：为高寒荒漠常见种，对保持水土和形成生态景观有重要作用。

3. 斜蒴对叶藓

Distichium inclinatum (Hedw.) B. S. G.

分类地位： 牛毛藓科对叶藓属

英文名称： Incline Distichium Moss

中文别名： 斜萨对叶藓

形态特征： 植物体细长，密集丛生，扁平，黄绿色或鲜绿色；茎直立，纤细，单生或稀分枝，基部多具红色茸状假根；叶两列，紧密排列，对生，叶片从直立高鞘状基部向上很快成狭披针形，叶尖细长；叶缘粗糙；中肋粗壮，充满叶尖，背部粗糙；叶基部细胞长方形，平滑透明；蒴柄直立，红棕色；孢蒴倾立，长卵形，弯曲背凸；蒴齿红棕色，狭三状披针形，表面具粗疣或斜纹；蒴盖圆锥形；蒴帽兜形，平滑；孢子球形，密被细疣。

生物学特征： 生于高山石灰岩峰或薄土上，有时见于潮湿砂石及冰川旁岩面。

地理分布： 我国分布于河北、山西、西藏、云南、新疆等省（区）；阿尔金山小沙子泉、依协克卡西堤萨依、大九坝、卡尔墩等有分布。

生态价值： 为高寒荒漠常见种，对保持水土和形成生态景观有重要作用。

4. 小对叶藓
Distichium hagenii Ryan ex Philib.

分类地位：牛毛藓科对叶藓属

英文名称：Hagen's Distichium Moss

形态特征：植物体密集丛生，黄绿色，无光泽；茎直立，不分枝，基部多具红色假根；叶两列，紧密排列，对生，长披针形，鞘基部与叶尖等长或短于鞘部；中肋粗壮，于叶尖部突出成芒状；叶基部细胞长方形，上部细胞方形；雌雄同株或异株；蒴柄红棕色；孢蒴短圆柱形，对称或不对称，无光泽；蒴齿常两片相连，不整齐分裂，背面条纹不整齐；孢子具细疣。

生物学特征：生于高山石灰岩峰或薄土上，有时见于潮湿砂石及冰川旁岩面。

地理分布：我国分布于甘肃、新疆、西藏等省（区）；阿尔金山卡尔墩老头山、祁漫塔格、阿其克湖东部、大九坝等有分布。

生态价值：为高寒荒漠常见种，对保持水土和形成生态景观有重要作用。

5. 高山大帽藓
Encalypta alpina Sm.

分类地位： 大帽藓科大帽藓属

英文名称： Alpine Candle Snuffer Moss

形态特征： 植物体较大，黄绿色，下部呈褐色，密集丛生。茎高 1 ～ 3 cm，单一或稀分枝。中肋粗壮，单一，突出于叶尖。叶上部细胞不规则方圆形，具细密疣，不透明；叶基部中肋两侧细胞长方形，具红褐色增厚横壁；叶边数列细胞长方形，壁略增厚。雌雄同株。蒴柄红褐色，长 7 ～ 10 mm，直立。蒴帽大，狭长钟形，黄褐色，覆盖整个孢蒴，基部具三角形裂瓣。孢子圆球形，直径 30 ～ 33 μm，表面具不规则细密疣。

生物学特征： 生于岩面薄土或高山地区土上，稀见于沼泽地。

地理分布： 我国分布于河北、青海、陕西、四川、新疆、西藏、云南等省（区）；阿尔金山且地塔格、卡尔墩有分布。

生态价值： 为高寒荒漠常见种，对保持水土和形成生态景观有重要作用。

6. 大帽藓
Encalypta ciliata Hedw.

分类地位：大帽藓科大帽藓属

英文名称：Fringed Candle Snuffer Moss

形态特征：植物体中等大，密集丛生，绿色或黄绿色，高0.5 ~ 3 cm。茎单一或分枝。叶干燥时强烈卷缩或旋扭，潮湿时伸展，长卵圆形至舌形，渐成短尖，叶边中下部背卷，略呈波状；中肋单一，粗壮，及顶或短突出；叶上部细胞圆角方形，具细密疣，不透明，中肋基部两侧细胞长方形。蒴柄直立；孢蒴直立，长圆筒形；蒴帽大，钟状，覆盖整个孢蒴，喙部细长，为全长的 1/2 ~ 2/3。

生物学特征：生于高山石灰岩石壁或岩面薄土。

地理分布：我国分布于河北、黑龙江、青海、陕西、台湾、新疆、西藏、云南等省（区）；阿尔金山小沙子泉、卡尔墩老头山有分布。

生态价值：为高寒荒漠常见种，对保持水土和形成生态景观有重要作用。

7. 尖叶大帽藓
Encalypta rhabdocarpa **Schwaegr.**

分类地位：大帽藓科大帽藓属

英文名称：Yellow Awn Candle Snuffer Moss

形态特征：丛生，绿色或黄绿色。茎高约 1 cm，单一，无分化中轴。叶干燥时卷缩，潮湿时倾立，长卵形，向上渐锐，先端具长刺状尖；叶边平直或下部略背卷；中肋粗壮，及顶。雌雄同株。蒴柄红褐色，长 6 ～ 7 mm，上部干燥时扭曲。孢蒴直立，长圆柱形，表面具纵直条纹，有时近于平滑。蒴帽大，覆盖整个孢蒴，钟形，喙部短钝，基部具不规则裂瓣。孢子直径 24 ～ 26 μm，表面具粗疣状纹饰。

生物学特征：生于土坡或石面土生，稀见于低湿地。

地理分布：我国分布于甘肃、河北、内蒙古、青海、山西、四川、台湾、新疆、西藏、云南等省（区）；阿尔金山小沙子泉、卡尔求卡、祁漫塔格有分布。

生态价值：为高寒荒漠常见种，对保持水土和形成生态景观有重要作用。

8. 剑叶大帽藓
Encalypta spathulata C. Muell.

分类地位： 大帽藓科大帽藓属

英文名称： Spathulate Candle Snuffer Moss

形态特征： 植物体小，丛生，绿色或黄绿色，下部褐色。茎单一，无分化中轴。叶干燥时卷缩，不规则扭曲，潮湿时倾立，长舌形或窄匙形；叶缘平直；中肋单一，及顶。雌雄同株。蒴柄红褐色，长 5 ～ 6 mm，干燥时上部扭曲；孢蒴直立，长圆筒形；蒴帽钟形，黄白色或淡褐色，覆盖整个孢蒴，基部多数具不规则裂瓣。孢子直径 32 ～ 35 μm，近极面近于平滑，远极面具粗棒状疣。

生物学特征： 生于砂土面或岩缝薄土。

地理分布： 我国分布于河北、新疆、西藏等省（区）；阿尔金山小沙子泉、卡尔墩老头山、祁漫塔格等有分布。

生态价值： 为高寒荒漠常见种，对保持水土和形成生态景观有重要作用。

9. 钝叶大帽藓
Encalypta tibetana Mitt.

分类地位： 大帽藓科大帽藓属

英文名称： Common Candle Snuffer Moss

形态特征： 植物体密集丛生，黄绿色。茎高 0.5 ～ 1 cm，单一，直立。叶干燥时强烈卷缩，潮湿时倾立，长圆舌形，先端钝或急尖，叶边平展；中肋粗壮，达于叶尖下终止。叶上部细胞圆方形或六边形，具分叉的乳头，基部细胞宽，长方形，平滑透明，具狭长细胞构成的边缘；蒴柄红褐色或黄色，长 4 ～ 6 mm，上部干燥时扭曲。孢蒴直立，圆柱形，表面具纵直条纹。蒴齿红棕色，具疣；蒴盖具直立长喙；蒴帽平滑；孢子球形或肾形，具粗瘤，直径 21 ～ 27 μm。

生物学特征： 生于砂土面或岩缝薄土。

地理分布： 我国分布于河北、内蒙古、新疆、西藏；阿尔金山卡尔墩老头山、阿其克湖东侧等有分布。

生态价值： 为高寒荒漠常见种，对保持水土和形成生态景观有重要作用。

10. 钝叶芦荟藓
Aloina rigida (Hedw.) Limpr.

分类地位： 丛藓科芦荟藓属

英文名称： Rigid Aloina Moss

中文别名： 芦荟藓

形态特征： 植株矮小，呈芽苞形；叶呈阔卵形或舌形，先端圆钝，内卷呈兜形；叶边全缘；中肋特宽，上端腹面具多数绿色分枝的丝状体；蒴柄长，红褐色；孢蒴直立，长圆柱形；蒴齿红色，齿片长线形，向左旋扭；蒴盖圆锥形，具长喙；孢子黄绿色，光滑。

生物学特征： 生于海拔 3 800 ～ 5 000 m 的岩石上、石缝处、土壁上及土墙上。

地理分布： 我国分布于河北、内蒙古、青海、陕西、四川、新疆、西藏、云南等省（区）；阿尔金山卡尔墩、依协克卡西堤萨依、卡尔求卡等地有分布。

生态价值： 为高寒荒漠常见种，对保持水土和形成生态景观有重要作用。

11. 红叶藓

Bryoerythrophyllum recurvirostrum (Hedw.) Chen

分类地位： 丛藓科红叶藓属

英文名称： Red Beard-moss

形态特征： 植株较粗壮，散生或疏丛生，初期黄绿色，后期渐呈红褐色。茎单一或具分枝，密被叶；叶干时紧贴，卷缩或旋扭，湿时直立或背仰；呈长卵形、长椭圆形或狭长披针形，先端渐尖或圆钝呈舌状，稀剑头形；叶边平展或中下部背卷，上部常具不规则粗锐齿，稀全缘；中肋粗壮，先端稍细，在叶尖部消失或突出叶尖具小尖头；叶中上部细胞绿色，呈圆一方形或不规则五至六边形，每一细胞具数个圆形、马蹄形或环状细疣；基部细胞较长大，呈不规则长方形，平滑，常带红色；有的种类叶缘细胞带呈红棕色，多稀疏而透明，形成明显的分化边。多雌雄异株。蒴柄直立，成熟时紫红色。孢蒴短圆柱形，黄褐色，老时呈红色；环带有分化；蒴齿短，直立；齿片呈线形，密被细疣；蒴盖具斜长喙；蒴帽兜形。多数种类叶腋着生球形芽胞体。

生物学特征： 生于石壁和土坡。

地理分布： 我国分布于福建、河北、黑龙江、湖南、江西、内蒙古、青海、山东、山西、四川、新疆、西藏、云南、浙江等省（区）；阿尔金山依协克卡西堤萨依、卡尔墩老头山、祁漫塔格等有分布。

生态价值： 为高寒荒漠常见种，对保持水土和形成生态景观有重要作用。

12. 绿色流苏藓

Crossidium squamiferum (Viv.) Jur.

分类地位： 丛藓科流梳藓属

英文名称： Crossidium Moss

形态特征： 植物体密集或疏散丛生，黄绿色带银白色；茎直立，常叉状分枝；叶干燥时紧贴，潮湿时倾立，卵状三角形，内凹，叶缘平展，白色透明，先端突生白色平滑细长毛尖，毛尖与叶片等长或长于叶片；腹面突生绿色丝体分枝；中肋粗壮，突出成白色细长毛尖；叶上部细胞圆形，扁圆形或多角圆形，壁强烈加厚，平滑透明，基部细胞呈规则方形或长方形，平滑。

生物学特征： 生于干燥地区的石灰岩或钙质土上。

地理分布： 我国分布于甘肃、内蒙古、四川、新疆等省（区）；阿尔金山见于卡尔求卡、皮提勒克河。

生态价值： 为高寒荒漠常见种，对保持水土和形成生态景观有重要作用。

13. 尖锐对齿藓
Didymodon acutus (Brid.) Saito

分类地位： 丛藓科对齿藓属

英文名称： Pointed Beard-moss

形态特征： 植物体密集丛生，绿色或棕红色。茎直立，高 5 ～ 10 mm。叶干燥时紧贴，潮湿时伸展，阔卵状披针形，先端渐成叶尖，中下部叶缘背卷；中肋粗壮，长达叶尖并突出短尖。叶上部细胞圆形或圆方形，薄壁，每个细胞具 2 ～ 4 个圆疣。基部细胞增大，长圆形，薄壁，平滑，透明带黄绿色。

生物学特征： 生于石壁和土坡。

地理分布： 我国分布于广西、河北、湖北、新疆等省（区）；阿尔金山见于卡尔求卡、卡尔墩老头山、祁漫塔格等地。

生态价值： 为高寒荒漠常见种，对保持水土和形成生态景观有重要作用。

14. 尖叶对齿藓
Didymodon constrictus (Mitt.) Saito

分类地位：丛藓科对齿藓属

形态特征：植株黄绿带红棕色，密集丛生。茎直立，单一，稀分枝，高 1 ～ 2.5 cm。叶密生，基部阔，卵状长披针形，先端狭长披针形；叶边全缘，背卷；中肋粗壮，长达叶尖部，叶上部细胞呈三至五角状圆形，薄壁不规则增厚，具 1 至多个疣；基部细胞呈长方形，平滑，薄壁，透明。雌雄异株。蒴柄红色；孢蒴呈圆柱形。蒴盖圆锥形，先端具斜喙。蒴齿长，呈线形，多次向左旋扭。孢子绿色，具细疣。

生物学特征：生于石壁和土坡。

地理分布：我国各地广泛分布；阿尔金山见于卡尔求卡、卡尔墩老头山、祁漫塔格等地。

生态价值：为高寒荒漠常见种，对保持水土和形成生态景观有重要作用。

15. 对齿藓
Didymodon fallax (Hedw.) Zand.

分类地位： 丛藓科对齿藓属

英文名称： Didymodon Moss

中文别名： 蒙混对齿藓

形态特征： 植物体密集丛生，黄绿色或红褐色；茎直立，多分枝；叶干燥时下部紧贴，上部旋扭，潮湿时稍背仰，卵状或三角状披针形，叶边全缘，背卷；中肋粗壮，长达叶尖，红棕色；叶部细胞多角圆形，厚壁，每细胞具多个小圆疣，基部细胞短矩形，薄壁，平滑；雌器苞顶生；蒴柄浅棕色；孢蒴直立，圆柱形；蒴齿长线形，一次左旋，密被疣；蒴盖圆锥形，喙稍歪斜。

生物学特征： 生于石壁和土坡。

地理分布： 我国分布于河北、河南、湖北、内蒙古、陕西、四川、台湾、新疆、西藏、云南等省（区）；阿尔金山卡尔求卡、小沙子泉、祁漫塔格等有分布。

生态价值： 为高寒荒漠常见种，对保持水土和形成生态景观有重要作用。

16. 反叶对齿藓
Didymodon ferrugineus (Schimp. ex Besch.) Hill.

分类地位： 丛藓科对齿藓属

中文别名： 对齿藓

形态特征： 植物体密集丛生，棕黄色或带红棕色。茎直立，常分枝，高 1.5 ～ 2.5 m。叶干燥时紧贴，潮湿时强烈背仰，长 1.2 ～ 1.5 mm，宽 0.4 ～ 0.5 mm；中肋粗壮，长达叶尖，红棕色，腹部表面细胞狭长圆形。叶上部细胞不规则圆形，壁强烈加厚，每细胞具 2 ～ 4 个大圆疣，直径 6.6 ～ 10.6 μm，基部细胞短矩形或长方形，平滑，棕色或透明。

生物学特征： 生于石壁和土坡。

地理分布： 我国大部分地区均有分布；阿尔金山见于卡尔墩老头山、祁漫塔格、阿其克湖东侧等地。

生态价值： 为高寒荒漠常见种，对保持水土和形成生态景观有重要作用。

17. 细肋对齿藓

Didymodon icmadophilus (Schimp. ex C.Müll.) K.Saito

分类地位：丛藓科对齿藓属

形态特征：植物体密集丛生，绿色或棕黄色。茎直立，高 5 ～ 10 mm。叶干燥时紧贴，潮湿时伸展，阔卵状披针形，先端渐成叶尖，中下部叶缘背卷，长 1.3 ～ 1.7 mm，宽 0.6 ～ 0.65 mm；中肋粗壮，长达叶尖并突出成短尖。叶上部细胞圆形或圆方形，薄壁，每细胞具 2 ～ 4 个低圆疣，直径 6 ～ 10 μm，基部细胞增大，长圆形，薄壁，平滑，透明带黄绿色。

生物学特征：生于石壁和土坡。

地理分布：我国分布于内蒙古、新疆等省（区）；阿尔金山见于小沙子泉、卡尔求卡、祁漫塔格等地。

生态价值：为高寒荒漠常见种，对保持水土和形成生态景观有重要作用。

18. 短叶对齿藓
Didymodon tectorum (C. Müll.) Saito

分类地位：丛藓科对齿藓属

形态特征：植物体绿色，长密集丛生。茎直立，高 2.5 ～ 3 cm，稀分枝。叶干燥时贴茎，湿时斜，呈卵状披针形，先端渐尖；叶边全缘，稍背卷；中肋粗壮，长达叶尖。叶上部细胞呈不规则三至六角状圆形，薄壁厚，具单个圆疣；基部细胞较大，呈不规则长方形，薄壁，平滑且透明。雌苞叶角长。蒴柄红色。孢蒴卵状圆柱形，黄褐色。蒴柄细长，向左旋扭。蒴盖圆锥形，具长喙。

生物学特征：生于石壁和土坡。

地理分布：广泛分布于我国大部分地区；阿尔金山见于卡尔求卡、卡尔墩老头山、祁漫塔格等地。

生态价值：为高寒荒漠常见种，对保持水土和形成生态景观有重要作用。

19. 净口藓

Gymnostomum calcareum Nees et Hornsch.

分类地位：丛藓科净口藓属

英文名称：Calcareous Gymnostomum Moss

中文别名：钙土净口藓

形态特征：植物体细小，呈暗黄绿色。茎直立，高不及 1 cm。叶较短，呈长椭圆状披针形或舌形，先端圆钝，叶边平展，全缘；中肋粗壮，长不到叶尖；叶片上部细胞圆一方形，壁稍增厚，具多数细疣；基部细胞长方形，薄壁，平滑无疣，无色透明。蒴柄细长，孢蒴卵形。

生物学特征：生于海拔 4 200 ～ 5 000 m 高山岩石和岩面薄土上。

地理分布：我国分布于北京、广东、广西、河北、内蒙古、陕西、四川、新疆、西藏、云南等省（区、市）；阿尔金山见于库鲁克皮提勒克塔格阿勒赛河上游、依协克卡西堤萨依、卡尔墩老头山等地。

生态价值：为高寒荒漠常见种，对保持水土和形成生态景观有重要作用。

20. 宽叶细齿藓

Hennediella heimii (Hedw.) Zand.

分类地位：丛藓科细齿藓属

形态特征：植物体疏丛生，绿色至红棕色。茎直立，高 3 ～ 6 mm，稀分叉，没有中轴。叶片长椭圆状披针形，叶边中上部具齿，叶上端细胞圆形，具 2 ～ 4 个半月形疣，叶边 1 ～ 2 列细胞平滑，基部细胞平滑。孢蒴圆柱形，蒴帽和蒴轴相连；没有蒴齿；孢子球形，绿色至棕色，直径 17.5 ～ 21 μm。

生物学特征：生于山区岩面薄土、土墙上。

地理分布：我国分布于新疆；阿尔金山见于依协克卡西堤萨依、祁漫塔格、阿木巴阿希罕大湾等地。

生态价值：为高寒荒漠常见种，对保持水土和形成生态景观有重要作用。

21. 凹叶藓
Hilpertia velenovskyi (Schiffn.) Zand.

分类地位： 丛藓科凹叶藓属

中文别名： 毛尖凹叶藓

形态特征： 植物体小，长成稠密疏松的垫状物，上部绿褐色，下部淡褐色，茎无规则分枝，很少有假根，叶片由较平至完全凹陷，叶的内面边缘强烈的向下卷曲，叶尖端在构成顶端的三角形是透明的，完全的植物尖；中肋狭窄但上面有些宽；蒴帽长 0.5 ～ 0.7 mm，呈明显的短二次曲线状；孢子直径 14 ～ 16 μm，不明显的多乳头状，淡褐色。

生物学特征： 生于山区岩面薄土、土墙上。

地理分布： 我国分布于内蒙古、青海、新疆等省（区）；阿尔金山见于库鲁克皮提勒克塔格阿勒赛河上游、小沙子泉、卡尔求卡等地。

生态价值： 为高寒荒漠常见种，对保持水土和形成生态景观有重要作用。

22. 卵叶盐土藓

Pterygoneurum ovatum (Hedw.) Dix.

分类地位： 丛藓科盐土藓属

英文名称： Ovate Pterygoneurum Moss

形态特征： 植物体绿色或黄绿色，疏丛生。茎直立，单一或基部分枝，高 1 ～ 2 mm。叶干燥时贴于茎或直立内卷叶片卵圆形或三角状卵形，内凹，叶缘稍卷曲，中肋粗壮；向上突出成透明的、平滑或呈透明具齿的长毛尖；叶腹面上方着生 2 ～ 4 条绿色栉片。叶片上部细胞圆方形或椭圆形，平滑或背面具马蹄形或长方形，薄壁平滑。雌雄同株。蒴柄短。孢蒴直立，呈短圆柱形。蒴盖锥形，具粗长直喙，蒴帽兜形，平滑。孢子大，褐色，具疣。

生物学特征： 生于山区岩面薄土、土墙上。

地理分布： 我国分布于内蒙古、新疆等省（区）；阿尔金山见于阿塔提罕河山口检查站。

生态价值： 为高寒荒漠常见种，对保持水土和形成生态景观有重要作用。

23. 盐土藓
Pterygoneurum subsessile (Brid.) Jur.

分类地位：丛藓科盐土藓属

英文名称：无

形态特征：植物体银白色或黄色，密集丛生。茎直立，单一或基部分枝，高 2 ～ 4 mm。叶片长卵形或椭圆形，强烈内凹；中肋粗壮，突出叶尖，呈透明具齿的长毛尖；叶片上部细胞圆方形或椭圆形，平滑或背面具马蹄形或长方形，薄壁平滑。雌雄同株。蒴柄短。孢蒴隐没于雌苞叶中，呈半球形或球形，黄棕色。蒴帽圆锥形，下部具裂。

生物学特征：生于山区岩面薄土、土墙上。

地理分布：我国分布于内蒙古、新疆等省（区）；阿尔金山见于卡尔求卡、卡尔墩老头山。

生态价值：为高寒荒漠常见种，对保持水土和形成生态景观有重要作用。

24. 石芽藓
Setogonia latifolia (Schwaegr.) Vent. ex Broth.

分类地位： 丛藓科石芽藓属

英文名称： 无

形态特征： 植株短小，鲜绿色带银白色，树丛生。茎单生，稀分枝。叶密集覆瓦状排列，呈芽孢状，心脏形或阔倒卵圆形，基部较狭；叶边全缘，无分化边；中肋细长，在叶尖稍下处消失。雌雄异苞同株。蒴柄细长，黄棕色，长 2 ～ 2.5 cm。孢蒴卵状长圆柱形，具短台部。孢子红棕色，有疣。

生物学特征： 生于高山岩石、石缝以及石质土中。

地理分布： 我国分布于西北及西南高寒山区；阿尔金山见于风尖土大弯、且地塔格、乱石沟等地。

生态价值： 为高寒荒漠常见种，对保持水土和形成生态景观有重要作用。

25. 齿肋赤藓

Syntrichia caninerves Mitt.

分类地位： 丛藓科赤藓属

英文名称： 无

形态特征： 植株密丛生。叶干燥时贴生，潮湿时倾立，常背仰，呈阔卵形，先端钝，边缘强烈背卷；中肋粗壮，突出叶尖呈长毛状，红棕色，背面及先端均密被刺状齿；叶细胞呈四至六边形，薄壁，两面均具马蹄形或圆环状细疣；叶基细胞较长大，无色透明；叶片上部横切面具两层细胞。蒴柄长约 1 cm；孢蒴直立，圆柱形，蒴齿长，具高的基膜；蒴盖具长喙。

生物学特征： 生于高山岩石上、岩面薄土上、流石滩上以及高山草甸土上。

地理分布： 我国分布于内蒙古、新疆、西藏等省（区）；阿尔金山见于风尖土大弯、且地塔格等地。

生态价值： 为高寒荒漠常见种，对保持水土和形成生态景观有重要作用。

26. 山赤藓
Syntrichia ruralis (Hedw.) Web.

分类地位： 丛藓科赤藓属

英文名称： Tortula Moss

中文别名： 山墙藓、土生墙藓

形态特征： 植物体黄绿色，老时呈红棕色，高 5 ～ 8 cm，疏丛生。茎直立或倾立。叶片呈倒卵状匙形，下部较狭而长，呈鞘状，上部较阔，渐尖，具龙骨状突起；叶边强烈背卷，由疣状突起形成细圆齿；中肋先端突出叶尖呈无色透明的毛尖，密被刺状齿，基部密被假根。叶片上部细胞呈圆形至多角形，背腹；两面均密被马蹄形疣；叶中部以下及至基部细胞呈狭长方形或六角形；叶基往往具黄色纵条纹。蒴柄长 1 ～ 2 cm，呈红色。蒴柄直立，长卵状圆柱形。

生物学特征： 生于高山岩石上、岩面薄土上、流石滩上以及高山草甸土上。

地理分布： 我国分布于甘肃、内蒙古、青海、陕西、四川、新疆、西藏等省（区）；阿尔金山见于卡尔求卡、且地塔格、乱石沟等。

生态价值： 为高寒荒漠常见种，对保持水土和形成生态景观有重要作用。

27. 无疣墙藓
Tortula mucronifolia Schwaegr.

分类地位： 丛藓科墙藓属

英文名称： Mucronleaf Tortula Moss

形态特征： 植物体疏散丛生或密集成垫状，绿色或黄绿色；茎直立，单一或分枝；叶干燥时皱缩，潮湿时伸展，长圆卵形，先端急尖或渐尖，具黄色平滑毛尖，叶边平展或下部背卷，全缘；中肋细，突出叶尖成黄色毛尖，背部平滑；叶上部细胞五至六边形，薄壁，平滑无疣，基部细胞增大，长方形，平滑；雌器苞顶生，雌苞叶与茎叶同形；蒴柄直立，红棕色；孢蒴长卵圆柱形，稍弯曲；蒴齿线形，红棕色，具疣；环带由 2 列大形泡状细胞构成，宿存；蒴盖长圆锥形；蒴帽兜形；孢子球形，棕绿色，具疏疣。

生物学特征： 生于山区岩面薄土，土生。

地理分布： 我国分布于甘肃、河北、内蒙古、青海、新疆等省（区）；阿尔金山见于风尖土大弯、且地塔格、阿木巴阿希罕大弯、阿其克湖东面等地。

生态价值： 为高寒荒漠常见种，对保持水土和形成生态景观有重要作用。

28. 长叶纽藓

Tortella tortuosa (Hedw.) Limpr.

分类地位： 丛藓科纽藓属

英文名称： Tortured Tortella Moss

中文别名： 纽藓

形态特征： 植物体高大，密集丛生。茎直立，具分枝。叶狭长披针形，在茎顶常密集丛生，柔软，细胞单层，干时多卷曲；中肋较细，长达叶尖稍下处消失。叶上部细胞呈四至六角形，具数个单疣；基部细胞分化呈长方形，平滑无疣，透明，分化细胞沿叶边向上延伸。

生物学特征： 生于海拔 4 200 m 的岩面，石缝处或岩面薄土，林带或沼泽地，也附生于腐木或树干上。

地理分布： 我国分布于华北、华中、华东、华南、西南及西北各省（区）；阿尔金山见于阿木巴阿希罕大弯、大九坝。

生态价值： 为高寒荒漠常见种，对保持水土和形成生态景观有重要作用。

29. 无齿紫萼藓
Grimmia anodon B. S. G.

分类地位：紫萼藓科紫萼藓属

英文名称：Grimmia Dry Rock Moss

形态特征：植物体矮小，高仅 1.5 cm，上部深绿色或褐色，下部褐色或深褐色，密集丛生。茎叉状分枝，具分化的中轴。叶干燥时直立，湿润时向上倾立，易碎，长 1.2 ～ 1.9 mm，上部叶较大，宽长卵形，略内凹，先端尖，有具齿的白色透明毛尖，下部叶小，长披针形或披针形，先端钝，无或有短白色毛尖；中肋单一，强劲，在叶尖下消失。雌雄异株。蒴柄细，弯曲，短于孢蒴。孢蒴小，隐生，近球形，一侧膨大，口部宽阔。蒴帽钟帽形，具裂瓣，平滑。孢子圆球形，直径 8 ～ 11 μm，黄褐色，表面具不规则细疣。

生物学特征：生于干燥裸露的碱性岩石上。

地理分布：我国分布于北部；阿尔金山见于且地塔格、阿其克湖东部、老头山。

生态价值：为高寒荒漠常见种，对保持水土和形成生态景观有重要作用。

30. 直叶紫萼藓

Grimmia elatior **Bruch. ex Bals.**

分类地位：紫萼藓科紫萼藓属

英文名称：Grimmia Dry Rock Moss

形态特征：植物体粗壮，挺硬，上部黄绿色，下部深褐色或近黑色，稀疏丛生呈大片生长。茎高达 5 ~ 6 cm，倾立，多数叉状分枝，具分化的中轴。叶干燥时贴身，湿润时展开，基部长卵形或卵形，叶边一侧强烈背卷，另一侧平直；中肋单一，粗壮，突出于叶尖。叶上部细胞 2 ~ 4 层，不透明，圆方形，叶中部细胞近方形或长方形；基部细胞长方形，中肋两侧细胞明显强烈波状加厚；边缘细胞趋短，壁平直或略呈波状。雌雄异株，蒴柄弓形弯曲，长 2 ~ 3 mm，黄褐色。孢蒴平列或下倾，椭圆形，红褐色；蒴盖具钝直喙。蒴帽钟帽形。

生物学特征：生于非钙性岩石或岩面薄土上。

地理分布：我国分布于北部干旱地区；阿尔金山见于风尖土大弯、且地塔格、阿木巴阿希罕大弯等地。

生态价值：为高寒荒漠常见种，对保持水土和形成生态景观有重要作用。

31. 近缘紫萼藓

Grimmia longrostris Hook.

分类地位： 紫萼藓科紫萼藓属

英文名称： 无

形态特征： 植物体绿色，黄绿色，有时褐绿色或近黑色，密集丛生，高达 3 cm。茎稀疏分枝，具分化的中轴细胞。叶覆瓦状排列，干燥时直立贴茎，湿润时倾立。叶基部卵形，向上呈披针形，龙骨状背凸，长 2.1 ～ 3.6 mm，先端多具白色透明毛尖；中下部叶缘一侧背卷；中肋单一，及顶或伸出，由几乎同形细胞构成。叶上部细胞两层，不规则圆方形，直径 7 ～ 9 μm，壁略呈波状增厚；基部中肋两侧细胞长形，壁明显波状加厚；基部近边缘细胞长方形，透明，横壁明显厚于纵壁。蒴帽钟帽形，基部具裂瓣。蒴盖具细长直或斜喙。

生物学特征： 生于高山光照强烈的岩石上。

地理分布： 我国分布于新疆、吉林、黑龙江、安徽、湖北、陕西、山西、四川、云南、西藏等地；阿尔金山见于阿塔提罕河山口检查站、阿其克湖、乱石沟等地。

生态价值： 为高寒荒漠常见种，对保持水土和形成生态景观有重要作用。

32. 毛尖紫萼藓
Grimmia pilifera P. Beauv.

分类地位： 紫萼藓科紫萼藓属

英文名称： Grimmia Dry Rock Moss

形态特征： 植物体中等大，稀疏或密集丛生，黄绿色或绿色，高 3 ～ 4 cm。茎倾立，稀疏叉状分枝。叶稀疏覆瓦状排列，基部卵圆形，多少呈鞘状，向上急剧收缩成披针形或长披针形，明显龙骨状，先端具透明白色毛尖，叶边全缘，中下部背卷；中肋单一，近及顶或贯顶；叶上部细胞两层，不规则方形，不透明，壁波状加厚，中部细胞短方形至长方形。蒴柄短；孢蒴长卵形，隐没于雌苞叶内。

生物学特征： 生于高山光照强烈的岩石上。

地理分布： 我国分布于云南、西藏、新疆；阿尔金山见于阿其克湖东部、老头山、骆驼山。

生态价值： 为高耐旱藓类植物，有一定的保持水分和景观作用。

33. 旱蘚

Indusiella tianschanica Broth. et C. Muell.

分类地位： 紫萼蘚科旱蘚属

英文名称： Indusiella Moss

形态特征： 体形小，挺硬，上部黑绿色，下部褐色，密集生长。茎直立，上部分枝，具分化中轴。叶干燥时挺硬，贴茎排列，湿润时向上伸展，基部鞘状，上部叶边强烈内卷呈筒状，先端圆钝；中肋单一；叶缘基部平直，内卷部分细胞 2 层，背面为小型厚壁细胞，不规则方形；腹面为大型薄壁细胞，不规则方形或长方形；基部细胞大，略透明，壁平直，稍厚，雌雄同株。雌苞叶与茎叶相似。蒴柄短，直立。孢蒴直立，高出于雌苞叶，近球形或阔卵形，表面平滑。蒴盖具短钝喙。蒴帽大，钟帽状，覆盖孢蒴的大部分，平滑，孢子球形，黄褐色，表面有疣。

生物学特征： 生于干旱高山地区的干燥、裸露岩石面或岩面薄土。

地理分布： 我国分布于内蒙古、新疆等省（区）；阿尔金山见于老头山。

生态价值： 为高寒荒漠常见种，对保持水土和形成生态景观有重要作用。

34. 粗疣连轴藓
Schistidium strictum (Turn.) Loeske ex O. Maert.

分类地位： 紫萼藓科连轴藓属

英文名称： Schistidium Moss

中文别名： 细枝连轴藓

形态特征： 植物体纤细，上部红色或红褐色，下部红褐色或深褐色，稀疏丛生；茎具多数分枝或发育良好的中轴细胞；叶干燥时直立覆瓦状排列，湿润时伸展，卵状披针形或披针形，上部龙骨状背凸，先端具极短或长而具齿的白色透明毛尖；叶缘两侧背卷，上部两层；中肋及顶，背面具明显瘤突；上部细胞单层或部分两层，不规则方形或短长方形；基部近边缘细胞扁长方形至短长方形；中肋两侧细胞长形。壁加厚，平直或略呈波状；雌苞叶大于茎叶；雌雄同株；蒴柄短于孢蒴，直立；孢蒴内隐，红褐色，长卵形，直立；蒴齿披针形，红褐色，上部具穿孔，表面具密疣；环带不分化；蒴帽小，兜形；蒴盖具斜短喙；孢子小，黄色。

生物学特征： 生于湿润石壁和土坡。

地理分布： 我国分布于东北、河北、湖北、浙江、陕西、新疆、西藏、台湾等省（区）；阿尔金山见于卡尔墩、依协克帕提、骆驼山等地。

生态价值： 为高寒荒漠常见种，对保持水土和形成生态景观有重要作用。

35. 葫芦藓

Funaria hygrometrica **Hedw.**

分类地位： 葫芦藓科葫芦藓属

英文名称： Common Cord-moss

形态特征： 植物体小至中等大，丛集或大面积散生，黄绿色或带红褐色，高 1 ～ 3 cm。茎单一或分枝。叶簇生在茎先端，干时皱缩，湿时倾立，阔卵形、卵状披针形或倒卵圆形，先端急尖，叶边多少内卷，全缘；中肋单一，及顶或偶短突出；叶细胞不规则长方形或多边形，薄壁，基部细胞狭长方形。蒴柄细长；孢蒴梨形，不对称，垂倾；蒴帽兜形，形似葫芦瓢状。

生物学特征： 生于岩面薄土上或土上，生于村边及路边的土壁。

地理分布： 世界广布种，我国各地均有分布。阿尔金山见于阿木巴阿希罕大弯、卡尔墩、依协克帕提等地。

生态价值： 对保持水土有重要作用。

36. 小口葫芦藓
Funaria microstoma Bruch ex Schimp.

分类地位： 葫芦藓科葫芦藓属

英文名称： 无

形态特征： 植物体高约 2 cm，丛集或大面积散生，黄绿色。茎单一或分枝。叶干时紧贴茎，湿时倾立，阔卵形，全缘；中肋单一，消失于叶尖之下；叶细胞多少呈矩形，薄壁，平滑。蒴柄细长，棕黄色；孢蒴弓形，不对称，倾垂，蒴口小；蒴帽兜形，具长喙。

生物学特征： 生于岩上或土上，多见于高寒地区林区。

地理分布： 我国分布于黑龙江、吉林、内蒙古、安徽、上海、四川、贵州、新疆、西藏等省（区）。阿尔金山见于阿其克湖东部、大九坝、卡尔墩等地。

生态价值： 为高寒荒漠常见种，对保持水土和形成生态景观有重要作用。

37. 狭网真藓

Bryum algovicum **Sendt. ex C. Müll.**

分类地位： 真藓科真藓属

英文名称： Bryum Moss

中文别名： 钙土真藓

形态特征： 植物体密集丛生或簇生。上部黄绿色，下部褐色。茎长约 10 mm。叶干时不明显旋转贴茎，湿时略贴茎或斜展，长圆形至卵圆形，急尖或渐尖，长达 2 ～ 3 mm，全缘或上部细胞长圆状六角形或椭圆形。蒴柄长 10 ～ 30 mm，直或弯曲，红褐色。蒴盖圆锥形，先端近喙状。孢子直径 21 ～ 38 μm，表面略粗糙。

生物学特征： 生于海拔 4 000 ～ 4 500 m 的土壁上。

地理分布： 我国分布于东北、华东、四川、云南、新疆、西藏等地。阿尔金山见于乱石沟、阿木巴阿希罕大弯、老头山等地。

生态价值： 对保持水土和形成生态景观有重要作用。

38. 极地真藓

Bryum arcticum (R . Brown.) B. S. G.

分类地位：真藓科真藓属

英文名称：Arctic Bryum Moss

形态特征：植物体丛生，茎长约 5 cm，很少分枝。茎叶卵圆形至长披针形，长达 1.7 mm，急尖，基部红色，边缘外弯，大多全缘；中肋贯顶而长，下部红色。枝叶覆瓦状，卵圆形，兜形。叶中部细胞六角形至尖部。薄壁；雌雄同序混生。蒴柄长 7 ～ 10 mm，红褐色。孢蒴下垂，棒状至长梨形，1.5 ～ 2.2 mm，台部稍短于壶部，具小的气孔。孢子直径 20 ～ 25 μm。

生物学特征：生于海拔 4 300 ～ 4 800 m 的土壁上。

地理分布：我国分布于新疆、西藏、辽宁、吉林、四川、云南等省（区）。阿尔金山见于且地塔格、乱石沟、阿其克湖东部等地。

生态价值：对保持水土和形成生态景观有重要作用。

39. 真藓
Bryum argenteum Hedw.

分类地位： 真藓科真藓属

英文名称： Silvergreen Bryum Moss

中文别名： 银叶真藓

形态特征： 植物体小，密集或疏松丛生，银白色至淡绿色，具绢丝光泽。茎直立，少或不规则分枝。叶干、湿时均覆瓦状排列，宽卵圆形或近圆形，兜状，具细长尖或短渐尖，上部无色透明，下部呈淡绿色或黄绿色，全缘；中肋单一，细弱，在叶中部消失；叶中部细胞方形或长六角形，薄壁，上部细胞较大，无色透明，下部细胞圆角方形，绿色。蒴柄长达 2 cm；孢蒴卵圆形或长圆形，垂倾，红褐色。

生物学特征： 生于海拔 3 700 ～ 4 500 m 的土壁上。

地理分布： 全世界广泛分布，我国各地均有分布。阿尔金山见于且地塔格、乱石沟、阿其克湖东部等地。

生态价值： 对保持水土有一定的作用。

40. 红蒴真藓
Bryum atrovirens Brid.

分类地位：真藓科真藓属

英文名称：无

形态特征：茎长达 10 mm，下部叶长圆形，上部叶卵圆形至卵状披针形，长 1.3 ～ 2 mm，先端渐尖，微凹；上部边缘具细齿，下部背卷，边缘分化呈 2 列线形细胞，偶见 3 列；中肋红褐色，伸长至叶尖或贯顶端的出头。叶中部细胞长六棱形，（42 ～ 60 μm）×（13 ～ 17 μm）；下部细胞比中部稍长。雌雄异株。蒴柄质硬，长 2.5 ～ 4 mm，弯曲，红褐色。孢蒴干时覆垂或平列，湿时覆垂，（2.5 ～ 4 mm）×（0.8 ～ 1.1 mm），棒状至梨形，红褐色，具光泽，台部与壶部等长或稍短，至柄部逐渐变细。外齿层齿片密被疣；内齿层基膜达外齿层 2/3 处，齿条具大的穿孔，齿毛 2 条，偶见 3 条，与齿条等长，明显具附片。孢子直径 8 ～ 10 μm。

生物学特征：生于海拔 3 800 ～ 4 000 m 的土壁上。

地理分布：我国分布于四川、云南、新疆、西藏等地；阿尔金山见于沙子泉。

生态价值：对保持水土和形成生态景观有重要作用。

41. 比拉真藓

Bryum billarderi Schwagr.

分类地位： 真藓科真藓属

英文名称： Billarder's Bryum Moss

中文别名： 球形真藓，截叶真藓

形态特征： 植物体多形大，茎高可达 20 mm 或更高。叶在茎上均匀排列或下部叶较稀疏，上部叶多密集，呈莲座状。干时旋转贴茎或不规则皱缩。叶长约 2 mm、宽 0.7 mm，上部叶长可达 4.5 mm、宽 2 mm，广椭圆形，长圆形至倒卵圆形，急尖至短的渐尖，叶边缘由下至上 2/3 明显外卷，全缘，上部平，明显具钝齿；中肋长达叶尖或贯顶并突出呈短芒状，黄绿色或近褐色。

生物学特征： 海拔 3 800 ～ 4 000 m 的湿地土生。

地理分布： 我国分布于江西、贵州、广西、新疆等地，世界各地湿生土地常见分布，阿尔金山见于沙子泉。

生态价值： 对保持水土和形成生态景观有重要作用。

42. 丛生真藓
Bryum caespiticium Hedw.

分类地位：真藓科真藓属

英文名称：Dry Calcareous Bryum Moss

形态特征：植物体淡黄色，上部略具光泽，长达 10 mm。叶干时紧贴于茎，不扭曲，椭圆状卵形或椭圆形，叶边中部略向背区，全缘；中肋基部略带红色，顶部突出呈长芒尖。叶中部细胞长六角形，薄壁，近叶边缘细胞趋狭，上部细胞与中部细胞近似，下部细胞六角形；叶边分化。雌雄异株。蒴柄暗褐色，长 1.5 ～ 2.5 mm。孢蒴长椭圆形至梨形，台部粗，深红褐色。蒴盖突起，顶部具细尖喙。内齿层基膜高约为外齿层齿片的 1/2，齿条具穿孔；齿毛细长。

生物学特征：生于海拔 4 000 ～ 4 300 m 的土壁上。

地理分布：我国分布于辽宁、吉林、河北、陕西、四川、云南、西藏等省（区），阿尔金山常见。

生态价值：对保持水土和形成生态景观有重要作用。

43. 细叶真藓
Bryum capillare Hedw.

分类地位： 真藓科真藓属

英文名称： Capillary Bryum Moss

形态特征： 植物体中等大，稀疏或密集丛生，亮绿色，高达1 cm。茎直立，多不分枝。叶干时皱缩，湿时伸展，茎下部叶稍小，中上部叶大，倒卵形或椭圆形，最宽处在中部，尖端急尖，叶边全缘或具微齿，由1～2列狭线形细胞形成不明显的分化边缘；中肋单一，及顶或短突出；叶中部细胞长六边形或菱形，壁薄，基部细胞较大，长方形。蒴柄纤细；孢蒴近棒槌状，垂倾。

生物学特征： 生于海拔4 000～4 500 m的土壁上。

地理分布： 世界广布种，我国分布于陕西、四川、云南、新疆、西藏等省（区）；阿尔金山见于阿木巴阿希罕大弯、卡尔墩。

生态价值： 对保持水土和形成生态景观有重要作用。

44. 柔叶真藓
Bryum cellulare Hook.

分类地位：真藓科真藓属

英文名称：无

形态特征：植物体小，稀疏或密集丛生，绿色、黄绿色至橙红色，高常不及 1 cm。叶柔薄，下部叶小而稀，上部叶大而密，卵圆形或椭圆状披针形，兜状，有时不等对折，急尖或渐尖，尖部有时具小尖头，叶缘为由 1 ～ 2 列狭菱形细胞构成的不明显分化边缘，全缘；中肋单一，不及叶尖消失或及顶；叶中部细胞菱形或长六角形，壁薄。蒴柄纤细；孢蒴平列或倾斜，梨形。

生物学特征：生于海拔 4 200 ～ 4 800 m 的土壁上。

地理分布：我国分布于四川、云南、新疆、西藏等省（区）；阿尔金山见于阿木巴阿希罕大弯、阿其克湖东部、卡尔墩等地。

生态价值：对保持水土和形成生态景观有重要作用。

45. 圆叶真藓

Bryum cyclophyllum (Schwagr.) B. S. G.

分类地位：真藓科真藓属

英文名称：Bryum Moss

形态特征：植物体柔弱，稀疏丛生，高约 2 cm，稀可达 4 cm，灰绿色、黄色或褐色。茎淡黄色至近褐色，单一或新生枝叉状分枝。叶柔软，不密集，干时展开及旋扭，湿时直展，长 2 ～ 2.2 mm，长圆状卵圆形至椭圆形，顶部圆形，基部较狭，不明显的下延。边缘平，全缘；中肋达叶尖下部。雌雄异株。孢蒴下垂，长倒卵形。蒴齿近黄色。外齿层下部具黄色，上部透明；内齿层基膜伸长至外齿层的 1/2；孢子直径 12 ～ 15 μm。

生物学特征：生于海拔 4 000 ～ 4 500 m 的土壁上。

地理分布：我国分布于辽宁、吉林、四川、云南、新疆、西藏等省（区）；阿尔金山见于大九坝、依协克帕提等地。

生态价值：对保持水土和形成生态景观有重要作用。

46. 宽叶真藓

Bryum funkii Schwagr.

分类地位： 真藓科真藓属

形态特征： 植物体丛生，集生或不规则小片簇生，绿色或淡绿色，高约 10 mm。下部叶散生，具假根，上部叶稍密集，近似莲座状，小枝密生。茎叶卵圆状披针形，强烈内凹，边缘平，绝对全缘。顶部叶长圆形，渐尖；中肋贯顶，基部微红色。叶中部细胞显疏松，（23 ～ 40 μm）×16 μm。近六边形，孢蒴短梨形，浅褐色。

生物学特征： 生于海拔 3 600 ～ 4 000 m 的岩面薄土上。

地理分布： 我国分布于云南、新疆、西藏等省（区）；阿尔金山见于阿其克湖东部、大九坝、卡尔墩等地。

生态价值： 对保持水土和形成生态景观有重要作用。

47. 沼生真藓

Bryum knowltonii **Barnes.**

分类地位： 真藓科真藓属

英文名称： Knowlton's Bryum Moss

形态特征： 植物体密集丛生，黄绿色至褐色，具稍密集的假根，高 5 ～ 10 mm，常具叉状分枝的新生枝。上部叶较大且较密集，干时直立或不明显的扭曲，湿时展开，长 2 ～ 2.5 mm。叶片椭圆形至卵圆形，急尖或短的渐尖，基部不下延；叶边全缘，基部背卷或稍外弯；中肋粗壮，近顶至极顶，下部红色。雌雄同序混生，蒴柄长 12 ～ 25 mm。蒴盖圆锥状，具细尖头。孢子直径 22 ～ 24 μm，具细疣。

生物学特征： 生于海拔 4 000 ～ 4 500 m 的湿地上，或水生。

地理分布： 我国分布于云南、新疆、西藏等省（区）；阿尔金山见于阿其克湖东部、大九坝、卡尔墩等地。

生态价值： 对保持水土和形成生态景观有重要作用。

48. 纤茎真藓

Bryum leptocaulon Cardot.

分类地位：真藓科真藓属

形态特征：植物体密集成丛簇生，绿色至淡紫红色，下部埋于基质中。茎纤细，近直立或直立，稍硬挺，易碎，单一或细分枝，高 2 ～ 3 cm。叶干时直，略贴茎，湿时直展，均匀排列，长 1.5 ～ 2 mm，呈长圆状披针形，渐尖，基部下延，基部边缘呈狭的外卷，上部平，具细齿或近全缘；中肋贯顶呈芒状，锈红色，渐上变狭。下部长圆形、菱形或六棱形。边缘狭线形，多为双层。下部长方形或近长方形，基部淡红色。

生物学特征：生于海拔 4 000 ～ 4 500 m 的土上或沙土上。

地理分布：我国分布于新疆、台湾；阿尔金山见于卡尔墩、依协克帕提。

生态价值：对保持水土和形成生态景观有重要作用。

49. 刺叶真藓

Bryum lonchocaulon **C. Muell.**

分类地位： 真藓科真藓属

英文名称： Bryum Moss

形态特征： 植物体黄绿色，上部略具光泽，下部褐色。茎高约 5 mm。叶干时略扭曲，椭圆状披针形，顶部渐尖，长约 2.5 mm；叶边缘由上至下背卷；中肋突出呈芒状。叶中部细胞长菱形，略厚壁，下部细胞长方形，略大，叶边细胞明显分化，雌雄同序。蒴柄长 10 ～ 18 mm。孢蒴长梨形至棒槌形，红褐色，台部略短于壶部。蒴齿两层；内齿层略短于外齿层，齿条具大的穿孔；齿毛 2 ～ 3 条。蒴盖圆锥形，顶部乳头状突起。孢子具不明显的疣。

生物学特征： 生于海拔 4 000 ～ 4 500 m 的土壁上。

地理分布： 我国分布于辽宁、吉林、陕西、新疆、四川、云南、西藏等省（区）；阿尔金山见于阿其克湖周边。

生态价值： 对保持水土和形成生态景观有重要作用。

50. 长柄真藓

Bryum longisetum Blandow. ex Schwagr.

分类地位： 真藓科真藓属

英文名称： Bryum Moss

形态特征： 植物体丛集，高约 10 mm。叶稀少，仅有 10 ～ 20 叶片，叶片长卵圆形；中肋达顶。叶细胞长六棱形至长菱形。雌雄同株。蒴柄长达 8 ～ 10 cm；孢蒴长约 4 mm。环带明显，齿片短。

生物学特征： 海拔 3 800 ～ 4 000 m 沼泽地泥土生。

地理分布： 我国分布于云南、新疆、西藏等省（区）；阿尔金山见于沙子泉。

生态价值： 对保持水土和形成生态景观有重要作用。

51. 卷尖真藓
Bryum neodamense Itzigs. ex C. Muell.

分类地位： 真藓科真藓属

中文别名： 卵叶真藓

形态特征： 植物体疏松丛生，茎直立，高 5 ～ 20 mm。除顶部外，叶非常稀疏。叶干时卷曲，湿时展开，明显凹陷，上部边缘平或背弯，基部略微下延，略带红色，边缘全缘。上部叶卵圆形至披针形，钝尖或急尖，下部叶宽卵圆形；叶尖部多少平截或具急尖；中肋在叶尖下部消失或极顶。雌雄异株。孢蒴倒卵状梨形。

生物学特征： 海拔 3 800 ～ 4 000 m 泥土生。

地理分布： 我国分布于四川、云南、新疆、西藏等省（区）；阿尔金山见于阿其克湖东侧、大九坝、依协克帕提等地。

生态价值： 对保持水土和形成生态景观有重要作用。

52. 灰黄真藓
Bryum pallens SW.

分类地位：真藓科真藓属

英文名称：Bryum Moss

形态特征：植物体紧密丛生。黄绿色，上部微具光泽，下部褐色。茎长达 10 mm，偶见更长，微红色。叶密集，干时紧贴于茎，无明显扭曲。下部叶卵状披针形，上部叶椭圆状披针形，渐尖，长达 2.5 mm，边缘由上至下向外弯曲或卷曲；中肋贯顶具长芒状尖，基部稍具红色。叶中部细胞长六边形；边缘细胞线形，分化不明显或较明显；下部细胞长方形至长六角形。雌雄同株异序。蒴柄长 25 ～ 30 mm，扭曲，微红褐色。孢子直径 15 ～ 20 μm。

生物学特征：生于海拔 3 800 ～ 4 000 m 的土壁上。

地理分布：我国分布于辽宁、吉林、新疆、西藏等省（区）；阿尔金山见于大九坝、依协克帕提等地。

生态价值：对保持水土和形成生态景观有重要作用。

53. 拟双色真藓
Bryum pachytheca Mull. Hal.

分类地位：真藓科真藓属

形态特征：植物体深绿色，茎高约 5 mm。叶腋常伴有具叶原基的无性芽孢。叶干时紧贴而不扭曲，湿时直立展开，长圆状披针形，渐尖。基部无下延，兜状。边缘平展。上部全缘或具细齿，下部微外弯；中肋粗。上下近相等，无明显的变窄，贯顶并具长的突出。雌雄异株，雌苞叶线状披针形。蒴柄长达 20 mm。孢子直径 9 ～ 12 μm。稍粗糙。与双色真藓区别点在于本种无性芽孢为卵球形，上部无叶原基，无芽孢时难以辨认，双色真藓叶略显狭长或长披针形，中肋贯顶伸出较长。

生物学特征：生于海拔 4 500 ～ 4 800 m 的土壁上。

地理分布：我国分布于贵州、新疆；阿尔金山见于老头山、卡尔墩。

生态价值：对保持水土和形成生态景观有重要作用。

54. 拟三列真藓

Bryum pseudotriquetrum (Hedw.) G . Gaertn.

分类地位：真藓科真藓属

英文名称：Common Green Bryum Moss

中文别名：大叶真藓

形态特征：植物体强壮，簇生或丛生，上部黄或深绿色；茎长，暗红褐色，通常密被假根；叶密集或稀疏着生，干时不明显旋转，下部叶卵圆形，上部叶长圆状披针形或卵状披针形。着生部位红色，上部边缘具齿或全缘，大多数由上至下外卷；中肋贯顶短出或达顶，基部红色；叶中部细胞菱状六角形，薄壁，叶下部细胞长方形或伸长的六角形，具不明显厚壁细胞；雌雄异株；蒴柄长，红褐色；孢蒴平列至俯垂，棒状，红褐色；台部短于壶部，基部渐细；外齿层下部橙色；内齿层基膜达外齿层的 1/2 处，齿条具大的穿孔。

生物学特征：生于海拔 3 500 ～ 4 000 m 的土壁上。

地理分布：遍及我国各个地区；阿尔金山见于老头山、卡尔墩。

生态价值：对保持水土和形成生态景观有重要作用。

55. 球蒴真藓
Bryum turbinatum (Hedw.) Turner

分类地位： 真藓科真藓属

英文名称： Bryum Moss

中文别名： 湿地真藓

形态特征： 植物体黄绿色或黄褐色，下部褐色，茎达 15 ～ 40 mm 高或更高，无光泽。叶干时紧贴，湿时倾展，明显宽的长圆状披针形至卵圆状三角形，略呈兜状，长达 3 mm，顶部渐尖，具或不明显下延，边缘平展或略背弯；中肋极顶或贯顶。雌雄异株。长蒴柄 25 ～ 50 mm。孢蒴垂倾，棒状至长梨形，长约 4 mm，深褐色。内外齿层发育完全，齿毛 3 ～ 4 条。孢子直径 18 ～ 24 μm。

生物学特征： 生于海拔 3 000 ～ 4 000 m 岩面薄土上。

地理分布： 我国分布于青海、新疆、西藏等省（区）；阿尔金山见于依协克帕提。

生态价值： 对保持水土和形成生态景观有重要作用。

56. 垂蒴真藓

Bryum uliginosum **(Brid.) Bruch et Schimp.**

分类地位： 真藓科真藓属

英文名称： Bryum Moss

形态特征： 植物体稀疏或密集丛生，绿色、黄绿色或褐色，高约 1 cm。茎有时叉状分枝。叶干时不贴茎，湿时直展，上部叶长达 5 mm，顶端长渐尖，基部不下延；叶边多全缘；中肋多及顶。叶细胞较疏，长六角形或短菱形，薄壁；边缘数列细胞线形，呈黄褐色，两层至多层。雌雄同株异序。蒴柄细长。孢蒴平列或下垂，长棒形至梨形；台部与壶部等长或短于壶部，蒴口多斜生，蒴齿黄褐色；内齿层齿条宽；齿毛缺或残留。

生物学特征： 生于海拔 4 000 ～ 4 500 m 的土壁上。

地理分布： 我国分布于辽宁、吉林、四川、云南、新疆、西藏等省（区）；阿尔金山见于阿木巴阿希罕大弯、阿其克湖东部、依协克帕提等地。

生态价值： 对保持水土和形成生态景观有重要作用。

57. 泛生丝瓜藓
Pohlia cruda (Hedw.) Lindb.

分类地位： 真藓科丝瓜藓属

英文名称： Pohlia Moss

形态特征： 植物体丛生，绿色、淡黄绿色至淡白绿色，明显具光泽。茎直立，近红色。下部叶阔卵状披针形至卵状长圆形，急尖或渐尖；中部叶狭长圆状披针形；上部叶长披针形或近线形，叶缘平展，上部具细圆齿；中肋明显在叶尖部以下消失，下部红色；叶中部细胞狭线形至近蠕虫形，叶上部和较下部细胞较短于叶中部细胞；雌雄异株，稀见雌雄有序同苞；蒴柄长，曲折；孢蒴多倾立至平列或下垂，长圆状梨形或棒状，台部不明显；内齿层基膜约为外齿层的 1/3 处，齿条具大的穿孔；孢子大。

生物学特征： 生于高山草甸，腐殖质及湿地岩面薄土或土生。

地理分布： 我国分布于吉林、辽宁、陕西、四川、云南、新疆、西藏等省（区）；阿尔金山见于且地塔格、阿其克湖东部、大九坝等地。

生态价值： 为高寒荒漠常见种，对保持水土和形成生态景观有重要作用。

58. 丝瓜藓
Pohlia elongata Hedw.

分类地位：真藓科丝瓜藓属

英文名称：Elongate Pohlia Moss

形态特征：植物体丛生，绿色或黄绿色，无光泽或略具光泽。茎直立，常在基部生有新生枝条，基部具假根。下部叶披针形，上部叶线状披针形至线形。中肋粗壮，至叶尖部。叶中部细胞近线形；基部细胞长方形。雌雄有序同苞。蒴柄长 1 ～ 4 cm。孢子直径 12 ～ 20 μm，具细点状疣。

生物学特征：生于高山草甸，腐殖质及湿地岩面薄土或土生。

地理分布：我国分布于四川、云南、新疆、西藏等省（区）；阿尔金山见于库鲁克皮提勒克塔格阿勒塞河上游、祁漫塔格、老头山。

生态价值：为高寒荒漠常见种，对保持水土和形成生态景观有重要作用。

59. 黄丝瓜藓

***Pohlia nutans* (Hedw.) Lindb.**

分类地位： 真藓科丝瓜藓属

英文名称： Pohlia Moss

形态特征： 植物体深绿至黄褐色，稀疏或丛集生，无光泽。茎长约 5 mm，通常单一，或在基部分枝，湿时外观叶多少，扭曲。下部叶卵状披针形，渐上变大，上部叶长披针形，叶尖部或多或少旋转，边缘多少向背面弯曲，中上部边缘具细齿；中肋粗壮，上部稍曲，背部明显凸起呈龙骨状，达近尖部或不明显的贯顶。雌雄有序同苞，蒴柄 1.5 ～ 2.5 cm 长，黄橙色。孢蒴干时多下垂，湿时俯垂，短棒状。台部短于壶部，干时皱缩。

生物学特征： 生于 4 000 ～ 5 000 m 高山草甸，岩面薄土或土生。

地理分布： 为世界广布种，我国大部分地区均有分布。阿尔金山见于且地塔格、老头山。

生态价值： 为高寒荒漠习见种，对保持水土和形成生态景观有重要作用。

60. 泽藓
Philonotis fontana (Hedw.) Brid.

分类地位： 珠藓科泽藓属

英文名称： Philonotis Moss

形态特征： 植物体大，密集丛生，绿色或黄绿色，有丝质光泽，高 2 ～ 10 cm。茎常叉状分枝。叶狭三角形，基部阔卵形或心形，边背卷，上部渐尖，边具微齿；中肋单一，粗壮，达叶尖消失；叶细胞多角形或长方形，具疣，腹面观疣位于细胞上端，背面观疣位于细胞下端。孢蒴卵圆形或圆形，有纵褶。

生物学特征： 生于高寒地区沼泽。

地理分布： 我国南北各地均有分布；阿尔金山见于小沙子泉、祁漫塔格、阿其克湖周边。

生态价值： 具有重要的保持水土能力，常形成大片群落，蔚为壮观。

61. 美姿藓

Timmia megapolitana Hedw.

分类地位：美姿藓科美姿藓属

英文名称：Timmia Moss

形态特征：植物体稀疏丛生，深绿色。茎直立；叶干燥时内卷成管状，潮湿时伸展，卵状披针形，基部呈鞘状，先端急尖；叶缘平展，上部具多细胞构成的粗齿；中肋粗壮，长达叶尖，背面上部具刺状疣。雌雄同株。蒴柄长，紫红色。孢蒴椭圆形，红褐色，背曲，倾立或平列，有时垂倾。蒴盖低圆柱形。孢子淡黄色，具疣。

生物学特征：生于高山，潮湿的沟边或草地上，或湿润岩石上。

地理分布：我国分布于新疆；阿尔金山见于卡尔墩老头山。

生态价值：为高寒荒漠常见种，对保持水土和形成生态景观有重要作用。

62. 东亚木灵藓

Orthotrichum ibukiense Toy.

分类地位：木灵藓科木灵藓属

形态特征：植物体疏松的垫状，下部褐色或灰褐色，上部褐绿色至暗橄榄绿色；茎二歧分枝；基部有丰富的假根；干燥时叶片贴生并直立，披针形或狭卵状披针形，锐尖，圆锐尖；中肋强壮，在近叶尖处消失；叶边全缘，从叶基部至尖部内曲或内卷；叶上部细胞不规则圆形、方形或短长形，每个细胞具 1 ～ 2 个分叉或不分叉的单疣，基部细胞长方形或长菱形；雌雄同苞混生；雌苞叶不分化；孢蒴椭圆状圆柱形或圆柱形；蒴柄很短，孢蒴几乎没有或稍伸出苞叶，蒴齿单层，气孔隐型；孢子表面粗糙或具分叉的疣。

生物学特征：生于高山草甸岩面生。

地理分布：我国分布于新疆；阿尔金山见于且地塔格。

生态价值：为高寒荒漠习见种，对保持水土和形成生态景观有重要作用。

63. 瓦叶假细罗藓
Pseudoleskeella tectorum (Brid.) Kindb.

分类地位： 薄罗藓科假细罗藓属

英文名称： Pseudoleskeella Tectorum

形态特征： 植物体细弱，密集或稀疏丛生，绿色或黄绿色，无光泽。茎匍匐，不规则分枝，分枝密集时直立或倾立，稀疏时斜伸匍匐。叶紧密覆瓦状排列，干时紧贴，湿时倾立，阔卵性，内凹，先端急狭成短叶尖，长 0.4 ～ 0.5 mm，宽 0.25 ～ 0.3 mm，基部有时具不明显纵褶，叶缘平滑；中肋短，达中部以下消失，有时上部分叉。叶上部细胞圆形或短长圆形，厚壁，平滑，直径 5 ～ 8 μm，叶角部细胞方形或扁方形，斜向排列。

生物学特征： 生于高山草甸岩面生。

地理分布： 我国分布于北京、河北、河南、山东、东北及新疆等省（区）；阿尔金山见于沙子泉、依协克卡西堤萨依、祁漫塔格等地。

生态价值： 为高寒荒漠习见种，对保持水土和形成生态景观有重要作用。

64. 柳叶藓
Amblystegium serpens (Hedw.) B. S. G.

分类地位： 柳叶藓科柳叶藓属

英文名称： Amblystegium Moss

形态特征： 植物体密集丛生，纤细，绿色或暗绿色。茎匍匐，不规则分枝；叶稀疏生，长卵状披针形，基部较宽，上部渐尖；叶边平展，全缘；中肋细弱，长达叶下部或中部；叶细胞长六边形或长圆形，基部细胞较短；角细胞方形；蒴柄红褐色，孢蒴弯曲。

生物学特征： 生于高山草甸，湿地岩面薄土或土生。

地理分布： 我国分布于黑龙江、吉林、内蒙古、陕西、青海、四川、云南、西藏、新疆等地；阿尔金山见于且地塔格、阿其克湖东部、老头山等地。

生态价值： 为高寒荒漠常见种，对保持水土和形成生态景观有重要作用。

65. 牛角藓

***Cratoneuron filicinum* (Hedw.) Spruc.**

分类地位： 柳叶藓科牛角藓属

英文名称： Cratoneuron Moss

形态特征： 植物体丛生，绿色或黄绿色，无光泽。茎倾立，羽状分枝，分枝短，先端常弯曲；鳞毛多数；叶疏生，从收缩的下延基部向上呈三角形渐呈披针形叶尖；叶缘具细齿；中肋粗壮，长达叶尖；叶细胞薄壁，长六边形或圆六边形；角细胞薄壁，褐色，大型，达于中肋。

生物学特征： 生于高山草甸，湿地岩面薄土或土生。

地理分布： 我国分布于东北、西北地区；阿尔金山见于大九坝、卡尔墩。

生态价值： 对保持水土、防止水土流失有重要的价值。

66. 水灰藓

Hygrohypnum luridum **(Hedw.) Jenn.**

分类地位： 柳叶藓科水灰藓属

英文名称： Hygrohypnum Moss

中文名称： 沼泽水灰藓

形态特征： 植物体中小型，岩面上平铺丛生，绿色，杂有黄绿色或黑绿色。茎不规则分枝，枝直，渐尖，叶多列密生，直立向一侧镰刀形弯曲；茎横切面中轴小，皮层细胞厚壁，3～4层；无假鳞毛。茎叶卵形，长 1～1.5 mm，宽 0.4～0.6 mm，略弯曲，叶尖钝，具小锐尖；中肋单一，达于叶片中部以上或不达中部，有时分叉；叶缘内卷，全缘平滑；叶中部细胞长菱形，长 30～35 μm，宽 5～6 μm，上部细胞较短，角部细胞小而多，正方形，无色或带黄色。枝叶与茎叶同形。雌雄同株。蒴柄红色，长 1.5～2 cm。孢蒴长卵圆筒形，倾立。内齿层齿片龙骨瓣稍分裂，齿毛 2～3 条，具节瘤，上部具疣，短于齿片。环带小。蒴盖圆锥形，带钝小短尖。孢子直径 16～18 μm，具疣。

生物学特征： 生于湿石上。

地理分布： 我国分布于黑龙江、吉林、西藏、新疆；阿尔金山见于大九坝。

生态价值： 对保持水土和形成生态景观有重要作用。

67. 长肋青藓
Brachythecium populeum (Hedw.) B. S. G.

分类地位： 青藓科青藓属

英文名称： Brachythecium Moss

形态特征： 植物体暗绿色，略具光泽。茎匍匐，羽状分枝，枝斜倾，单一，干燥时多少呈圆条形，渐尖；茎叶卵状三角形，先端渐尖，平展或内凹，略具褶皱，边缘平展，全缘或细齿；中肋粗壮，达叶尖；枝叶狭披针形；中部细胞长斜菱形或亚线形，角部细胞近于方形至矩形；雌雄异株，雌苞叶披针形，中肋弱；蒴柄红褐色，上部粗糙，下部平滑；孢蒴长椭圆形红褐色；蒴盖圆锥形，具短喙。

生物学特征： 生于高山草甸岩面薄土或土生。

地理分布： 我国分布于西藏、新疆；阿尔金山依协克帕提有分布。

生态价值： 为高寒荒漠常见种，对保持水土和形成生态景观有重要作用。

68. 灰藓

Hypnum cupressiforme **L. ex Hedw.**

分类地位：灰藓科灰藓藓属

英文名称：Hypnum Moss; Cypress-leaved Plaitmoss

形态特征：植物体中等大小，绿色或黄绿色、褐色或黑绿色，有光泽，片状平展生长；茎细长，匍匐或倾立，不规则羽状分枝或规则羽状分枝；横切面圆形，具中轴；叶密生，假两行排列，镰刀形弯曲，少数直立，长椭圆形或阔椭圆状披针形，先端渐成长叶尖，叶边缘内曲，全缘平滑或尖端具细齿；中肋 2 条，短或不明显；叶细胞狭长菱形，中部细胞狭长，基部细胞短宽，角细胞分化明显，多数方形或多边形；枝叶与茎叶同形；雌雄异株；蒴柄红色；孢蒴直立或倾立，圆柱形；蒴齿正常，齿毛 1 ～ 2 条，较长；环带 2 列；蒴盖基部圆锥形，具喙状尖；孢子具细疣。

生物学特征：生于高山草甸，湿地岩面薄土或土生。

地理分布：世界性分布，我国各地均有分布。阿尔金山且地塔格、大九坝、卡尔墩等地常见。

生态价值：为高寒荒漠常见种，对保持水土和形成生态景观有重要作用。

二、种子植物

Ⅰ裸子植物门（Gymnospermae）

1. 单子麻黄
Ephedra monosperma Gmel. ex Mey.

分类地位： 麻黄科麻黄属

英文名称： Oneseed Ephedra

中文别名： 小麻黄

形态特征： 草本状矮小灌木，高 5 ~ 15 cm；木质茎短小，多分枝，弯曲并有节结状突起；绿色小枝常微弯曲，节间长 1 ~ 2 cm，直径约 1 mm。叶 2 片对生，膜质鞘状，下部 1/3 ~ 1/2 合生。雄球花单生枝顶或对生节上，多成复穗状，苞片 3 ~ 4 对；雄蕊 7 ~ 8 枚，花丝完全合生；雌球花单生或对生节上，苞片 3 对，基部合生，雌花通常 1 枚，稀 2 枚。雌球花成熟时肉质红色，卵圆形；种子外露，多为 1 粒。

生物学特征： 生于山坡石缝以及高山荒漠，花期 6 月，种子 8 月成熟。

地理分布： 我国分布于东北、华北、西北及西南部分省（区）；阿尔金山各处常见。

生态价值： 为高山荒漠常见种，具有重要水土保持功能。

2. 膜果麻黄

Ephedra przewalskii Stapf

分类地位： 麻黄科麻黄属

英文名称： Przewalsk Ephedra

中文别名： 膜翅麻黄、勃麻黄

形态特征： 矮小灌木，高 20 ～ 100 cm；茎基部多分枝，枝皮纵条裂；当年生小枝淡绿色，节间长 2 ～ 3 cm，径约 1 mm，小枝末端常呈“之”形弯曲或拳卷。叶 3 片或 2 片，下部 1/2 ～ 2/3 合生成鞘状。雄球花无梗，密集成团伞花序，苞片 3 ～ 4 轮；雄蕊 7 ～ 8 枚，花丝先端分离；雌球花近球形，苞片 4 ～ 5 轮，最上一轮或一对苞片各生一雌花。雌球花成熟时苞片增大，呈淡棕色的薄膜片；种子常 3 粒。

生物学特征： 常生于石质荒漠和沙地，组成大面积群落。花期 5—6 月，种子 7—8 月成熟。

地理分布： 我国分布于新疆、青海、甘肃、宁夏、内蒙古等省（区）；阿尔金山有分布。

生态价值： 常单独或与梭梭、柽柳、沙拐枣等旱生植物组成群落，对于荒漠地区的固沙有重要作用。

Ⅱ被子植物门（Angiospermae）

3. 网脉大黄
***Rheum reticulatum* A. Los.**

分类地位：蓼科大黄属

英文名称：Reticulate Rhubarb

中文别名：网叶大黄

形态特征：矮壮草本，根直径 3 ～ 5 cm。叶基生，幼叶极皱缩，叶片革质，卵形至三角状卵形，基部圆形或近心形，边缘略呈弱波状，脉网极显著，叶上面无毛，下面被长乳突毛，红紫色；叶柄长 2 ～ 5 cm，紫色。花葶多条，可达 10 枝，高不超过叶，穗状的总状花序，花黄白色，花梗短，长 1.5 ～ 2 mm，关节位于下部；花被 2 轮，内轮 3 片较宽大，长约 1.5 mm；雄蕊 7 ～ 9 枚。果实宽卵形，翅宽约 2.5 mm。

生物学特征：生于海拔 2 900 ～ 4 200 m 高山岩缝及沙砾中。花期 6 月，果期 7—8 月。

地理分布：我国分布于新疆及青海；阿尔金山也有分布。

生态价值：生于高山岩缝及沙砾，对于水土保持具有重要价值。

4. 西伯利亚蓼

Polygonum sibiricum **Laxm. var.** ***sibiricum***

分类地位： 蓼科蓼属

英文名称： Siberia Knotweed

中文别名： 剪刀股

形态特征： 多年生草本，高 10 ～ 25 cm。根状茎细长。茎外倾或近直立，自基部分枝，无毛。叶片长椭圆形或披针形，无毛，长 5 ～ 13 cm，宽 0.5 ～ 1.5 cm，顶端急尖或钝，基部戟形或楔形，边缘全缘，叶柄长 8 ～ 15 mm；托叶鞘筒状，膜质，上部偏斜，开裂，无毛，易破裂。花序圆锥状，顶生，花排列稀疏；花梗短，中上部具关节；花被 5 深裂，黄绿色，花被片长圆形，长约 3 mm；雄蕊 7 ～ 8 枚，稍短于花被。

生物学特征： 生于海拔 3 000 ～ 5 100 m 地区的盐碱地。花果期 6—9 月。

地理分布： 我国东北、西北、华北和西南大部分省（区）均有分布；阿尔金山湿地常见。

生态价值： 为高山湿地常见种，对于改善盐碱地土质具有重要价值。

5. 细叶西伯利亚蓼

Polygonum sibiricum **Laxm. var.** ***thomsonii*** **Meisn.**

分类地位：蓼科蓼属

英文名称：Thin-leaved Siberia Knotweed

中文别名：细西伯利亚蓼

形态特征：本变种与原变种的区别在于植株矮小，高 2 ～ 5 cm。叶极狭窄，线形，宽 1.5 ～ 2.5 mm。花序较小，花排列稀疏，通常间断。

生物学特征：生于盐湖边、河滩盐碱地，海拔 3 200 ～ 5 100 m。花果期 6—9 月。

地理分布：我国分布于西藏、青海；阿尔金山湿地常见。

生态价值：为高山湿地常见种，对于改善盐碱地土质具有重要价值。

6. 珠芽蓼

Polygonum viviparum L.

分类地位：蓼科蓼属

英文名称：Bulbil Knotweed

中文别名：珠芽拳蓼

形态特征：多年生草本。茎直立，高 15 ～ 60 cm，不分枝，通常 2 ～ 4 条自根状茎发出。基生叶长圆形或卵状披针形，具长叶柄；茎生叶较小披针形，近无柄；托叶鞘筒状，膜质，偏斜，开裂，无缘毛。总状花序呈穗状，顶生，紧密，下部生珠芽；花被 5 深裂，花白色或淡红色；雄蕊 8 枚，花丝不等长。瘦果具 3 棱，包于宿存花被内。

生物学特征：生山坡林下、高山或亚高山草甸，海拔 1 200 ～ 5 100 m。花期 5—7 月，果期 7—9 月。

地理分布：我国分布于东北、华北、河南、西北及西南；阿尔金山也有分布。

生态价值：对于防止水土流失具有重要价值。

7. 小沙拐枣

Calligonum pumilum **Losinsk.**

异名： *Calligonum juochiangense* Liou f.

分类地位： 蓼科沙拐枣属

英文名称： Small Kneejujube

中文别名： 若羌沙拐枣

形态特征： 灌木，通常高 30 ～ 50 cm。老枝淡灰色或淡黄灰色；幼枝灰绿色，节间长 1 ～ 3.5 cm。花被片淡红色，果时反折。果（包括刺）宽椭圆形，长 7 ～ 12 mm，宽 6 ～ 8 mm；瘦果长卵形，扭转，肋突出，沟槽深；每肋刺 1 行，纤细，毛发状，质脆，易折断，基部分离，中下部 2 ～ 3 次 2 ～ 3 分叉。

生物学特征： 生于沙砾质荒漠，海拔 700 ～ 4 000 m。花果期 5—7 月。

地理分布： 我国分布于新疆；阿尔金山有分布。

生态价值： 对于改善沙地土质具有重要价值。

8. 中亚滨藜

Atriplex centralasiatica Iljin

分类地位： 藜科滨藜属

英文名称： Central Asia Saltbush

中文别名： 软蒺藜、碱灰菜、中亚粉藜、大灰条

形态特征： 一年生草本，高 15 ~ 30 cm。枝钝四棱形。叶有短柄或近无柄；叶片卵状三角形至菱状卵形，边缘具疏锯齿，近基部的 1 对锯齿常较大而呈裂片状，上面灰绿色，下面灰白色，有密粉。花集成腋生团伞花序；雄花花被 5 深裂，雄蕊 5 枚；雌花的苞片果时长 6 ~ 8 mm，宽 7 ~ 10 mm，表面具多数疣状或肉棘状附属物，边缘具不等大的三角形牙齿。胞果扁平。

生物学特征： 生于戈壁、荒地、海滨及盐土荒漠，有时也侵入田间。花期 7—8 月，果期 8—9 月。

地理分布： 我国分布于吉林、辽宁、内蒙古、河北、山西北部、陕西北部、宁夏、甘肃、青海、新疆、西藏；阿尔金山盐碱地常见。

生态价值： 为荒漠优势种，对于水土保持具有重要价值。

9. 垫状驼绒藜

Ceratoides compacta (Losinsk.) Tsien et C. G. Ma

分类地位： 藜科驼绒藜属

英文名称： Compact Ceratoides

中文别名： 昆仑驼绒藜

形态特征： 植株矮小，垫状，高 10 ～ 25 cm，具密集的分枝；一年生枝长 1.5 ～ 5 cm。叶小，密集，叶片椭圆形或矩圆状倒卵形，长约 1 cm，宽约 3 mm，先端圆形；叶柄几与叶片等长，扩大下陷呈舟状，抱茎。雄花序短而紧密，头状。雌花管矩圆形，长约 0.5 cm，上端具两个大而宽的兔耳状裂片，果时管外被短毛。果椭圆形，被毛。

生物学特征： 生于海拔 3 500 ～ 5 000 m 地区的荒漠。花果期 6—8 月。

地理分布： 我国分布于新疆、甘肃、青海和西藏；阿尔金山荒漠常见。

生态价值： 为高山荒漠优势种，对水土保持具有重要价值。

10. 驼绒藜

Ceratoides latens (J. F. Gmelin) Reveal et N. H. Holmgren

分类地位： 藜科驼绒藜属

英文名称： Common Ceratoides

中文别名： 优若藜

形态特征： 植株高 0.1 ～ 1 m。叶条形、条状披针形、披针形或矩圆形，长 1 ～ 2 cm，宽 0.2 ～ 0.5 cm，先端急尖或钝，1 脉，有时近基处有 2 条侧脉。雄花序较短，长达 4 cm，紧密。雌花管椭圆形，长 3 ～ 4 mm；花管裂片角状，长为管长的 1/3 到等长。果直立，椭圆形，被毛。

生物学特征： 生于戈壁、荒漠、半荒漠、干旱山坡或草原中。花果期 6—9 月。

地理分布： 本种在我国主要分布于新疆、西藏、青海、甘肃和内蒙古等省（区）；阿尔金山荒漠地区常见。

生态价值： 高山荒漠常见，对水土保持具有重要价值。

11. 小白藜
Chenopodium iljinii Golsk.

分类地位： 藜科藜属

英文名称： Iljin Goosefoot

形态特征： 一年生草本，高 10 ～ 30 cm。全株有白粉。茎通常平卧或斜升，多分枝。叶有短柄，叶片卵形至卵状三角形，长 0.5 ～ 1.5 cm，宽 0.4 ～ 1.2 cm，先端急尖或微钝，基部宽楔形，全缘或三浅裂。花簇于枝端及叶腋的小枝上集成短穗状花序；花被裂片常 5 片，雄蕊 5 枚；柱头 2 个。胞果顶基扁。种子双凸镜形，黑色。

生物学特征： 生于海拔 2 000 ～ 4 000 m 的河谷阶地、山坡及较干旱的草地。花果期 7—10 月。

地理分布： 我国分布于宁夏、甘肃、四川、青海、新疆；阿尔金山人为干扰地常见。

生态价值： 为常见杂草，可丰富当地的物种多样性。

12. 藏虫实
Corispermum tibeticum Iljin

分类地位： 藜科虫实属

英文名称： Xizang Tickseed

中文别名： 角碱蓬

形态特征： 一年生草本，高 3 ～ 20 cm，分枝集中于茎基部，上升或平卧。叶条形，长 2 ～ 3.5 cm，顶端急尖具小尖头，基部渐狭，1 脉。穗状花序顶生和侧生，圆柱状，细长，稀疏，长 2 ～ 4 cm；苞片 1 脉，具狭的膜质缘。花被片 1 枚；雄蕊 1 ～ 5 枚。果实广椭圆形或矩圆状广椭圆形，无毛。

生物学特征： 生于海拔 2 300 ～ 4 500 m 的河漫滩或河边沙地。花果期 7—9 月。

地理分布： 我国分布于青海、西藏；阿尔金山沙地常见。

生态价值： 为沙地常见种，对防风固沙具有一定价值。

13. 蒿叶猪毛菜
Salsola abrotanoides Bunge

分类地位： 藜科碱猪毛草属

英文名称： Sagebrushleaf Russianthistle

中文别名： 灰叶猪毛菜

形态特征： 匍匐状半灌木，高 15 ～ 40 cm；老枝灰褐色，有纵裂纹，小枝草质，密集，黄绿色，有细条棱，密生小突起。叶片半圆柱状，互生，老枝上的叶簇生于短枝的顶端，长 1 ～ 2 cm，宽 1 ～ 2 mm。花序穗状，花排列稀疏；花被片卵形，背面肉质；翅 3 个较大，2 个稍小，花被果时（包括翅）直径 5 ～ 7 mm。

生物学特征： 生于海拔 3 500 ～ 5 000 m 地区的荒漠。花期 7—8 月，果期 8—9 月。

地理分布： 我国分布于新疆、甘肃、青海；阿尔金山荒漠常见。

生态价值： 为高山荒漠优势种，对水土保持具有重要价值。

14. 平卧碱蓬
Suaeda prostrata Pall.

分类地位： 藜科碱蓬属

英文名称： Prostrate Seepweed

中文别名： 伏碱蓬

形态特征： 一年生草本，高 20 ~ 50 cm，无毛。茎平卧或斜升。叶条形，半圆柱状，灰绿色，长 5 ~ 15 mm，宽 1 ~ 1.5 mm；侧枝上的叶较短。团伞花序腋生；花两性，花被 5 深裂，果时花被裂片增厚呈兜状，基部向外延伸出不规则的翅状或舌状突起；柱头 2 个。胞果扁，淡黄褐色。种子双凸镜形或扁卵形，黑色，表面具清晰的蜂窝状点纹。

生物学特征： 生于海拔 3 500 ~ 5 000 m 地区的盐碱地。花果期 7—10 月。

地理分布： 我国分布于新疆、甘肃、青海；阿尔金山盐碱地常见。

生态价值： 为高山盐碱地优势种，对于改善盐碱地土质具有重要价值。

15. 合头草
Sympegma regelii Bunge

分类地位： 藜科合头草属

英文名称： Sympegma

中文别名： 合头藜、列氏合头草、黑柴

形态特征： 小半灌木，高 20 ～ 50 cm，无毛。茎直立，多分枝，老枝灰褐色，通常有条状裂纹，当年生枝墨绿色。叶互生，肉质，圆柱形，长 4 ～ 10 mm，黑绿色，两性，常 3 ～ 4 朵聚集成顶生或腋生的小头状花序。花被片 5 枚，革质，果时变硬且自顶端横生翅。胞果扁圆形；种子直立，直径 1.2 mm。

生物学特征： 喜生于碎石坡地。花果期 7—10 月。

地理分布： 我国分布于内蒙古、宁夏、甘肃、青海、新疆等省（区）；阿塔提罕山口常见。

生态价值： 为石质荒漠的主要建群种，常形成稀疏的群落，有良好的固沙性能。

16. 藓状雪灵芝

Arenaria bryophylla Fernald.

分类地位： 石竹科无心菜属

英文名称： Bryoleaf Sandwort

中文别名： 苔藓状蚤缀

形态特征： 多年生垫状草本。茎高 3 ~ 5 cm，密丛生。叶片针状线形，长 4 ~ 9 mm，顶端急尖。花单生，无梗；花直径约 1 cm；萼片 5 枚，长约 4 mm，外面具 3 脉；花瓣 5 枚，白色，宽倒卵形，长 5 mm；雄蕊 10 枚；花柱 3 个。蒴果卵圆形，3 瓣裂，裂瓣顶端 2 裂。

生物学特征： 生于海拔 4 200 ~ 5 200 m 的高山草甸、草甸碎石带和河滩。花期 6—7 月，果期 7—8 月。

地理分布： 我国分布于西藏、新疆；阿尔金山常见。

生态价值： 为高山草甸常见种，具有较高的水土保持功能和观赏价值。

17. 甘肃雪灵芝

Arenaria kansuensis Maxim.

分类地位：石竹科无心菜属

英文名称：Kansu Sandwort

中文别名：甘肃蚤缀

形态特征：多年生垫状草本，高 4 ～ 5 cm。叶片针状线形，长 1 ～ 2 cm，宽约 1 mm，基部稍宽，抱茎，边缘狭膜质，下部具细锯齿，顶端急尖，呈短芒状，呈三棱形，紧密排列于茎上。花单生枝端；花梗长 2.5 ～ 4 mm，被柔毛；萼片 5 枚，披针形，长 5 ～ 6 mm，具 1 脉；花瓣 5 片，白色，倒卵形，长 4 ～ 5 mm；雄蕊 10 枚。蒴果卵圆形。

生物学特征：生于海拔 3 500 ～ 5 300 m 的高山草甸、山坡草地和砾石带。花期 7 月，果期 7—8 月。

地理分布：我国分布于青海、西藏、甘肃、四川、云南、新疆；阿尔金山砾石砂地常见。

生态价值：为高山草甸、砾石地常见种，具有较高的水土保持功能和观赏价值。

18. 克拉克无心菜

Arenaria karakorensis E. Schmid

分类地位：石竹科无心菜属

英文名称：Karakor Sandwort

中文别名：苔藓状蚤缀

形态特征：多年生垫状草本。茎高 3 ~ 5 cm，密丛生。叶片针状线形，长 4 ~ 9 mm，顶端急尖。花单生，无梗；花直径约 1 cm；萼片 5 枚，长约 4 mm，外面具 3 脉；花瓣 5 枚，白色，宽倒卵形，长 5 mm；雄蕊 10 枚；花柱 3 个。蒴果卵圆形，3 瓣裂，裂瓣顶端 2 裂。

生物学特征：生于海拔 4 200 ~ 5 200 m 的山地。花期 6—7 月，果期 7—8 月。

地理分布：我国分布于西藏、新疆；阿尔金山山地偶见。

生态价值：为高山山地偶见种。

19. 小瓣女娄菜

Silene gonosperma (Rupr.) Bocquet

分类地位： 石竹科蝇子草属

英文名称： Hiddenpetal Catchfly

中文别名： 隐瓣蝇子草、无瓣女娄菜

形态特征： 多年生草本，高 6 ～ 20 cm。茎疏丛生或单生，直立，不分枝。基生叶叶片线状倒披针形，基部渐狭成柄状，两面被短柔毛，边缘具缘毛；茎生叶 1 ～ 3 对，无柄，叶片披针形。花单生，稀 2 ～ 3 朵，俯垂；花萼狭钟形，长 13 ～ 15 mm，直径 7 ～ 10 mm，萼齿三角形；花瓣暗紫色，常内藏，瓣片凹缺或浅 2 裂；雄蕊、花柱内藏。蒴果椭圆状卵形，长 10 ～ 12 mm，10 齿裂。

生物学特征：生于海拔 1 600 ～ 4 400 m 的高山草甸。花期 6—7 月，果期 8 月。

地理分布： 我国分布于甘肃、青海、新疆、西藏、山西和河北等省（区）。

生态价值： 为高山草甸、砾石地常见种，具有较高的观赏价值。

20. 沙生繁缕
Stellaria arenaria Maxim.

分类地位：石竹科繁缕属

英文名称：Sandy Chickweed

形态特征：多年生草本，高 4 ～ 6 cm。茎丛生，铺散于地面，下部无毛。叶对生，叶片狭卵形，长 4 ～ 6 mm，宽 2 ～ 3 mm，无柄，边缘具柔毛。聚伞花序顶生，具 1 ～ 5 朵花，苞片卵形；萼片 5 枚，长 3 ～ 4 mm；花瓣 5 片，白色；雄蕊 10 枚，短于花瓣；花柱 3 个。

生物学特征：生于海拔 2 500 ～ 5 500 m 的山顶草地、高山碎石带及河滩地。花期 6—7 月，果期 8—9 月。

地理分布：我国分布于西藏、甘肃、青海、新疆；阿尔金山山地常见。

生态价值：具有较好的水土保持和一定的观赏价值。

21. 伞花繁缕
Stellaria umbellata Turcz.

分类地位：石竹科繁缕属

英文名称：Umbel Chickweed

形态特征：多年生草本，高 5 ～ 15 cm，全株无毛。茎多分枝。叶对生，叶片椭圆形，长 1.5 ～ 2 cm，宽 4 ～ 5 mm，微抱茎，两面无毛。聚伞状伞形花序，具 3 ～ 10 朵花，花梗丝状，果时常下垂；萼片 5 枚，长 2 ～ 3 mm；花瓣无；雄蕊 10 枚，短于萼片；花柱 3 个。蒴果比宿存萼长近 1 倍，6 齿裂。

生物学特征：生于海拔 1 600 ～ 5 000 m 的山顶草地、林下及草原。花期 6—7 月，果期 7—8 月。

地理分布：我国分布于河北、山西、陕西、西藏、甘肃、四川、青海、新疆；阿尔金山偶见。

生态价值：具有一定的水土保持功能。

22. 蓝侧金盏花

Adonis coerulea Maxim.

分类地位： 毛茛科侧金盏属

英文名称： Skyblue Adonis

中文别名： 蓝花侧金盏

形态特征： 多年生草本。茎高 3 ～ 15 cm，常在近地面处分枝，基部和下部有数个鞘状鳞片。茎下部叶有长柄，叶片长圆形或长圆状狭卵形，长 1 ～ 4.8 cm，宽 1 ～ 2 cm，二至三回羽状细裂，羽片 4 ～ 6 对，稍互生，末回裂片狭披针形或披针状线形，顶端有短尖头。花直径 1 ～ 1.8 cm；萼片 5 ～ 7 mm；花瓣约 8 片，淡紫色或淡蓝色，狭倒卵形，顶端有少数小齿；心皮多数。瘦果倒卵形，长约 2 mm。

生物学特征： 生于山顶草地，4—7 月开花。

地理分布： 我国分布于西藏东北部、青海、四川西北部、甘肃、新疆；阿尔金山荒漠和湿地偶见。

生态价值： 为高山草地偶见种，具有较高的观赏价值。

23. 疏齿银莲花

Anemone obtusiloba **D. Don. subsp.** ***ovalifolia*** **Bruhl.**

分类地位： 毛茛科银莲花属

英文名称： Obtusilobed Windflower

中文别名： 卵叶银莲花

形态特征： 植株高 5～18 cm。叶基生，3～8 片，柄长 2～5 cm，轮廓心形，三全裂，全裂片再三浅裂，侧全裂片常较短一倍，两面多少被柔毛。花葶常 2 个；苞片 3 枚，无柄，卵形，三深裂、三浅裂或不分裂而有 1～3 齿；花直径 1.5～2 cm；萼片白色、淡黄色或带紫色，椭圆形，长 7～10 mm，背面密被柔毛；雄蕊长约 3 mm；心皮约 8 枚，子房密被柔毛。

生物学特征： 生于山坡草地和林缘。花期 6—7 月。

地理分布： 我国分布于西南、西北和华北；阿尔金山荒漠偶见。

生态价值： 具有一定的观赏价值。

24. 美花草

Callianthemum pimpinelloides **(D. Don) Hook. f. et Thoms.**

分类地位：毛茛科美花草属

英文名称：Common Callianthemum

中文别名：纤细立金花

形态特征：植株无毛。茎 2 ～ 3 条，高 3 ～ 7 cm，不分枝或有 1 ～ 2 个分枝，无叶或有 1 ～ 2 片叶。一回羽状复叶，在开花时未完全发育，羽片常 2 对，掌状深裂，边缘有少数钝齿，顶生羽片扇状菱形；叶柄长 1.5 ～ 6 cm，基部有鞘。花直径 1.1 ～ 1.4 cm；萼片 5 枚，椭圆形，基部囊状；花瓣 5 ～ 9 片，白色、粉红色或淡紫色，倒卵状长圆形或宽线形，长 5 ～ 10 mm；雄蕊长约为花瓣之半；心皮 8 ～ 14 枚。聚合瘦果直径约 6 mm。

生物学特征：生于高山草地。4—6 月开花。

地理分布：我国分布于西藏南部和东部、云南西北部、四川西部、青海东部；阿尔金山草地可见。

生态价值：为高山草地偶见种，具有观赏价值。

25. 甘青铁线莲

Clematis tangutica (Maxim.) Korsh.

分类地位：毛茛科铁线莲属

英文名称：Tangut Clematis

中文别名：唐古特铁线莲

形态特征：落叶藤本。茎有明显的棱，幼时被长柔毛，后脱落。一回羽状复叶，有 5 ～ 7 片小叶；小叶片基部常浅裂、深裂或全裂，长通常 3 ～ 4 cm，宽 0.5 ～ 1.5 cm，顶端钝，有短尖头，基部楔形，边缘有不整齐缺刻状的锯齿，下面有疏长毛。花单生，有时有 3 朵花，腋生；花序梗长 6 ～ 15 cm，有柔毛；萼片 4 枚，黄色外面带紫色，长 1.5 ～ 3 cm，顶端渐尖或急尖，外面边缘有短绒毛，子房密生柔毛。瘦果倒卵形，有长柔毛，宿存花柱长达 4 cm。

生物学特征：生高原草地或灌丛中。花期 6—9 月，果期 9—10 月。

地理分布：我国分布于新疆、西藏、四川西部、青海、甘肃南部和东部、陕西；阿尔金山高山草地有分布。

生态价值：为高山草地偶见种，具有较高的观赏价值。

26. 单花翠雀

Delphinium candelabrum Ostf. var. *monanthum* (Hand.-Mazz.)W. T. Wang

分类地位： 毛茛科翠雀属

英文名称： Oneflower Larksur

形态特征： 多年生草本，高 10 ～ 15 cm；茎直立，少分枝，下部无毛，上部被短柔毛。叶在茎露出地面处丛生，有长柄；叶片肾状五角形，三全裂，中全裂片宽菱形，侧全裂片近扇形，一至二回细裂，小裂片卵形，彼此多邻接。花大，单生于花葶顶端；萼片蓝紫色，卵形，长约 2 cm，外面有黄色短柔毛，距比萼片稍长或与萼片近等长；花瓣暗褐色，顶端全缘。

生物学特征： 生于海拔 5 100 ～ 5 300 m 山谷草地或多砂石山坡。花期 8 月。

地理分布： 我国分布于西藏、青海、甘肃、四川，新疆首次报道；阿尔金山东部偶见。

生态价值： 为高山荒漠偶见种，具有较高的观赏价值。

27. 三裂碱毛茛

***Halerpestes tricuspis* (Marim.) Hand.-Mazz.**

分类地位：毛茛科碱毛茛属

英文名称：Tricuspidate Halerpestes

形态特征：多年生小草本。匍匐茎横走，节处生根和簇生数叶。叶均基生，叶片菱状楔形至宽卵形，长1～2 cm，宽0.5～1 cm，3中裂至3深裂，中裂片较长，长圆形，全缘，脉不明显；叶柄长1～2 cm，基部有膜质鞘。花单生，直径7～10 mm；萼片卵状长圆形，长3～5 mm；花瓣5片，黄色或表面白色，狭椭圆形，有3～5脉；雄蕊约20枚。聚合果近球形，直径约6 mm。

生物学特征：生于海拔3 000～5 000 m的盐碱湿地。花果期5—8月。

地理分布：我国分布于西藏、四川、甘肃、青海和新疆；阿尔金山湿地常见。

生态价值：为高山湿地常见种，具有较好的观赏价值。

28. 斑戈毛茛

Ranunculus banguoensis L. Liou

分类地位：毛茛科毛茛属

英文名称：Banguo Buttercup

形态特征：多年生小草本。茎直立，高 1.5 ～ 3 cm，大多单一，生白色柔毛。基生叶多数；叶片卵圆形，长及宽约 5 mm，基部宽楔形，3 深裂不达基部；叶柄长约 1 cm，基部有宽膜质长鞘。下部叶与基生叶相似，中部叶及上部叶有鞘状短柄至无柄，叶片 3 深裂。花单生茎顶，直径约 1 cm；花梗长 5 ～ 12 mm，生白柔毛；萼片椭圆形，长 3 ～ 4 mm；花瓣 5 片，卵圆形，长约 5 mm。聚合果卵球形。

生物学特征：生于海拔 4 200 ～ 5 000 m 的湖边草甸。花果期 6—7 月。

地理分布：我国分布于西藏和新疆；阿尔金山湿地常见。

生态价值：为高山湿地常见种，具有较高的观赏价值。

29. 鸟足毛茛

Ranunculus brotherusii Freyn

分类地位：毛茛科毛茛属

英文名称：Birdfoot Buttercup

中文别名：高原毛茛

形态特征：多年生草本，有柔毛。茎直立，高 3 ~ 10 cm。基生叶多数，叶片肾圆形，3 深裂或达基部，中裂片长圆状倒卵形或披针形，全缘或有 3 齿，侧裂片 2 中裂至 2 深裂；叶柄长 2 ~ 4 cm。下部叶与基生叶相似，上部叶无柄，3 ~ 5 深裂，裂片再不等地 2 ~ 3 裂，末回裂片线形。花单生于茎顶，直径约 1 cm；萼片卵形，长 3 ~ 4 mm；花瓣 5 片，长卵圆形，长 5 ~ 6 mm。聚合果矩圆形，长 5 ~ 6 mm，约为宽的 2 倍。

生物学特征：生于海拔 2 600 ~ 3 500 m 的草地。花果期 6—8 月。

地理分布：我国分布于新疆、青海；阿尔金山湿地常见。

生态价值：为高山湿地常见种，具有较高的观赏价值。

30. 浮毛茛

Ranunculus natans **C. A. Mey.**

分类地位：毛茛科毛茛属

英文名称：Floating Buttercup

形态特征：多年生水生草本。茎多数，铺散蔓生，节上生根和分枝长叶，无毛。基生叶和下部叶较多，有长柄；叶片肾形或肾圆形，长 1 ～ 1.5 cm，宽 1.5 ～ 2.5 cm，基部浅心形或截形，3 ～ 5 浅裂，裂片钝圆；叶柄基部有长鞘。上部叶较小，3 浅裂或不分裂，叶柄较短。花单生，直径约 7 mm；花梗与上部叶对生；萼片卵圆形，长 3 ～ 4 mm；花瓣 5 片，倒卵圆形，有 3 ～ 5 脉。聚合果近球形，直径约 7 mm。

生物学特征：生于海拔 4 200 m 左右的沼泽湿地。花果期 6—7 月。

地理分布：我国分布于西藏、青海、内蒙古、吉林、黑龙江和新疆；阿尔金山湿地常见。

生态价值：为高山湿地常见种，具有较高的观赏价值。

31. 云生毛茛

Ranunculus nephelogenes Edgew.

分类地位：毛茛科毛茛属

英文名称：Nepheloid Buttercup

中文别名：纺缍毛茛

形态特征：多年生草本。茎直立，高 3 ～ 12 cm，近无毛。基生叶多数，叶片披针形至线形；叶柄有膜质长鞘。茎生叶无柄，叶片线形，全缘，长 1 ～ 4 cm，宽 0.5 ～ 5 mm，无毛。花单生茎顶或短分枝顶端，直径 1 ～ 1.5 cm；萼片卵形，长 3 ～ 5 mm，常带紫色，有 3 ～ 5 脉；花瓣 5 片，倒卵形，长 6 ～ 8 mm。聚合果长圆形，直径 5 ～ 8 mm。

生物学特征：生于海拔 3 000 ～ 5 000 m 的高山草甸和沼泽湿地。花果期 6—8 月。

地理分布：我国分布于西藏、青海、四川、甘肃和新疆；阿尔金山湿地常见。

生态价值：为高山湿地常见种，具有较高的观赏价值。

32. 苞毛茛

Ranunculus similis **Hemsl.**

分类地位： 毛茛科毛茛属

英文名称： Involucrate Buttercup

形态特征： 多年生矮小草本，无毛。茎单一直立，高 3 ～ 8 cm。基生叶 2 ～ 4 片；叶片肾状圆形，长 5 ～ 12 mm，宽 7 ～ 20 mm，基部稍心形或截圆形，顶端有 3 ～ 5 个浅圆齿，肉质；叶柄长 2 ～ 4 cm。茎生叶 2 ～ 3 片，邻接于花下而似总苞，叶片卵圆状楔形，3 中裂或较深裂，顶端钝圆，无柄。花单生茎顶，直径 1.2 ～ 2 cm；萼片卵圆形，长 4 ～ 5 mm；花瓣 5 片，黄色或变紫色，倒卵形。聚合果近球形，直径 6 ～ 9 mm。

生物学特征： 生于海拔 4 700 ～ 5 500 m 砾石山坡、河滩干涸碎石沙间。花果期 5—8 月。

地理分布： 我国分布于西藏、青海和新疆；阿尔金山河滩常见。

生态价值： 为高山河滩常见种，具有较高的观赏价值。

33. 芸香叶唐松草

Thalictrum rutifolium Hook. f. et Thoms

分类地位：毛茛科唐松草属

英文名称：Rueleaf Meadowrue

形态特征：多年生小草本，全株无毛。茎高 11 ～ 50 cm，上部分枝。基生叶为三至四回近羽状复叶；小叶草质，顶生小叶楔状倒卵形，有时菱形、椭圆形或近圆形。花序似总状花序，狭长；萼片 4 枚，淡紫色，卵形；雄蕊 4 ～ 18 枚，花药椭圆形，心皮 3 ～ 5 枚。瘦果倒垂，稍扁，镰状半月形，有 8 条纵肋。

生物学特征：生于海拔 2 280 ～ 4 300 m 的高山草地、河滩上或山谷中。

地理分布：我国分布于西藏、云南、四川、青海、甘肃；阿尔金山河滩、草甸常见。

生态价值：具有水土保持功能。

34. 细果角茴香
Hypecoum leptocarpum Hook. f. et Thoms.

分类地位： 紫堇科角茴香属

英文名称： Thinfruit Hypecoum

中文别名： 节裂角茴香

形态特征： 一年生草本，略被白粉。茎丛生，基生叶多数，蓝绿色，叶柄长 1.5 ～ 10 cm，叶片狭倒披针形，长 5 ～ 20 cm，二回羽状全裂；茎生叶同基生叶，但较小，具短柄或近无柄。花茎多数，高 5 ～ 40 cm，通常二歧状分枝。花小，花瓣淡紫色，外面 2 枚全缘，里面 2 枚较小，3 裂几达基部；雄蕊 4 枚，与花瓣对生。蒴果直立，圆柱形，长 3 ～ 4 cm，成熟时在关节处分离成数小节，每节具 1 粒种子；有时常因虫瘿而变得粗大。

生物学特征： 生于海拔山坡、草地、山谷、河滩、砾石坡、砂质地。花果期 6—9 月。

地理分布： 我国分布于河北西北部、山西、内蒙古、陕西、甘肃、青海、新疆、四川西部、云南西北部、西藏；阿尔金山河滩、湿地常见。

生态价值： 生于湿地、河滩处，具有水土保持功能。

35. 尖突黄堇
Corydalis mucronifera Maxim.

分类地位： 紫堇科紫堇属

英文名称： Shorttine Corydalis

形态特征： 垫状草本，高约 5 cm，幼叶常被毛，具主根。茎数条发自基生叶腋。基生叶多数，叶柄长约 4 cm，薄而扁平，叶片卵圆形或心形，约长 1 cm，三出羽状分裂或掌状分裂，末回裂片长圆形，具芒状尖突。总状花序少花，伞房状。苞片扇形，多裂，裂片具芒状尖突。花梗果期顶端钩状弯曲。花黄色。外花瓣具鸡冠状突起。蒴果椭圆形，长约 6 mm。

生物学特征： 生于海拔 4 200 ～ 5 300 m 的河滩地或流石滩。

地理分布： 我国分布于新疆东部、青海南部、西藏北部、甘肃南部；阿尔金山河滩处可见。

生态价值： 具有观赏价值。

36. 独行菜

***Lepidium apetalum* Willd.**

分类地位：十字花科独行菜属

英文名称：Pepperweed, Peppergrass

中文别名：辣根菜

形态特征：一年或二年生草本，高 5 ～ 30 cm；茎直立，有分枝。基生叶窄匙形，一回羽状浅裂或深裂，长 3 ～ 5 cm，宽 1 ～ 1.5 cm；叶柄长 1 ～ 2 cm；茎上部叶线形，有疏齿或全缘。总状花序在果期可延长至 5 cm；萼片早落，外面有柔毛；花瓣不存或退化成丝状，比萼片短；雄蕊 2 枚或 4 枚。短角果近圆形或宽椭圆形，扁平，长 2 ～ 3 mm，宽约 2 mm，顶端微缺。

生物学特征：生在海拔 400 ～ 4 000 m 山坡、山沟。花果期 5—7 月。

地理分布：我国分布于东北、华北、江苏、浙江、安徽、西北、西南；阿尔金山荒漠常见。

生态价值：为高山荒漠常见种，对于改善河滩砂地土质有一定作用。

37. 宽叶独行菜
Lepidium latifolium Linn.

分类地位： 十字花科独行菜属

英文名称： Broadleaf Pepperweed

中文别名： 阔叶独行菜，北独行菜

形态特征： 多年生草本，高 30 ～ 150 cm；茎直立，上部多分枝，无毛或疏生单毛。基生叶及茎下部叶革质，长圆披针形或卵形，长 3 ～ 6 cm，宽 3 ～ 5 cm，全缘或有牙齿，两面有柔毛；叶柄长 1 ～ 3 cm，茎上部叶披针形或长圆状椭圆形，长 2 ～ 5 cm，宽 5 ～ 15 mm，无柄。总状花序圆锥状；萼片早落；花瓣白色，倒卵形，长约 2 mm；雄蕊 6 枚。短角果宽卵形或近圆形，长 1.5 ～ 3 mm。

生物学特征： 生在村旁、田边、山坡及盐化草甸。花期 5—7 月，果期 7—9 月。

地理分布： 我国分布于内蒙古、西藏、新疆；阿尔金山盐碱地可见。

生态价值： 为高山盐碱湿地常见种，对于改善盐碱地土质具有一定的作用。

38. 藏荠

Hedinia tibetica (Thoms) Ostemf.

分类地位：十字花科藏芥属

英文名称：Tibet Hedinia

中文别名：藏芥

形态特征：多年生草本，全株有单毛及分叉毛；茎铺散，基部多分枝。叶线状长圆形，长 6 ～ 25 cm，羽状全裂；基生叶有柄，上部叶近无柄或无柄。总状花序下部花有 1 枚羽状分裂的叶状苞片，上部花的苞片小或全缺，花生于苞片腋内，直径约 3 mm；萼片长圆状椭圆形，长约 2 mm；花瓣白色，倒卵形，长 3 ～ 4 mm。短角果长圆形，长约 1 cm，宽 3 ～ 5 mm，压扁并扭转。

生物学特征：生在高山山坡、草地及河滩，海拔 3 900 ～ 4 200 m。花果期 6—8 月。

地理分布：我国分布于甘肃、青海、四川、新疆、西藏；阿尔金山河滩沙地常见。

生态价值：为高山河滩常见种，对于改善河滩沙地土质具有一定作用。

39. 无苞双脊荠
Dilophia ebracteata Maxim.

分类地位：十字花科双脊荠属
英文名称：Bractless Dilophia
中文别名：无苞双脊草
形态特征：二年生草本，高 1 ～ 4 cm，全部绿色或红色，除萼片外无毛。茎多数丛生或单一，肉质，圆柱形。基生叶线形，在开花时枯萎；茎生叶常聚生在茎顶端，线状匙形，连叶柄长 5 ～ 20 mm，全缘或每侧有 1 ～ 3 个疏齿。总状花序密生，无苞片；花梗长约 1 mm；萼片宽卵形，长 2 ～ 3 mm，顶端圆形，外面有少数柔毛；花瓣白色，倒卵形，长 3 ～ 3.5 mm。短角果近圆形，长约 2 mm，果瓣具 1 脉，有数个鸡冠状突出物。
生物学特征：生在河滩沙地，海拔 2 800 ～ 4 000 m。花期 8 月，果期 9 月。
地理分布：我国分布于青海、新疆、西藏；阿尔金山河滩沙地常见。
生态价值：为高山河滩常见种，对于改善沙地土质具有一定的作用。

40. 盐泽双脊荠
Dilophia salsa Thoms.

分类地位： 十字花科双脊荠属

英文名称： Saltmarsh Dilophia

中文别名： 双脊草

形态特征： 多年生草本，高 1 ～ 6 cm，全株无毛；根状茎直径 1 ～ 2 mm，长可达 10 cm，分枝或不分枝；茎多数，丛生，分枝。基生叶莲座状，叶线形或线状长圆形，长 10 ～ 20 mm，宽 1 ～ 2 mm，顶端圆形，基部渐狭；茎生叶线形，在花序下的呈苞片状，二者皆肉质。总状花序呈密伞房状；萼片卵形，长约 2 mm，宿存；花瓣白色，匙形，长 2.5 ～ 3 mm，顶端略凹。短角果倒心形，直径约 2 mm，果瓣上有 2 翅状突出物。

生物学特征： 生在盐沼泽地，海拔 2 000 ～ 4 000 m。花果期 6—9 月。

地理分布： 我国分布于青海、新疆、西藏；阿尔金山盐碱沼泽常见。

生态价值： 为高山盐碱湿地常见种，对于改善盐碱地土质具有一定的作用。

41. 灰毛庭荠
***Alyssum canescens* DC.**

分类地位：十字花科庭荠属

英文名称：Ptilotrichum

中文别名：燥原芥

形态特征：半灌木状草本，基部木质化，高 5 ～ 40 cm，密被小星状毛，分枝毛或分叉毛，植株灰绿色。茎直立，近地面处分枝。叶密生，条形或条状披针形，长 7 ～ 15 mm，宽 0.7 ～ 1.2 mm，顶端急尖，全缘，花序伞房状；萼片灰绿色或淡紫色有白色边缘并有星状缘毛；花瓣白色，长 3 ～ 5 mm，宽 2 ～ 3.5 mm；子房密被小星状毛。短角果卵形，长 3 ～ 5 mm，宽 2 ～ 3 mm；花柱宿存。

生物学特征：生长在干燥石质山坡、草地、草原，海拔 4 000 ～ 4 200 m。花期 6—8 月。

地理分布：我国分布于黑龙江、内蒙古、河北、山西、陕西北部、甘肃北部、青海、新疆、西藏；阿尔金山盐碱地常见。

生态价值：为高山草地常见种，具有一定的观赏价值。

42. 阿尔泰葶苈

Draba altaica (C. A. Mey.) Bunge

分类地位： 十字花科葶苈属

英文名称： Altai Draba

中文别名： 苞叶阿尔泰葶苈

形态特征： 多年生丛生草本，高 2 ～ 7 cm。根茎分枝多，密集，上部簇生莲座状叶。花茎单一或有 1 个侧枝，直立，大多具 1 ～ 2 片叶，与叶均被长单毛、有柄叉状毛及星状分枝毛。基生叶披针形或长圆形，长 6 ～ 20 mm，宽 1 ～ 2 mm。茎生叶无柄，披针形，全缘或有 1 ～ 2 个锯齿。总状花序密集成头状；花瓣白色，长倒卵状楔形，顶端微凹，长 2 ～ 2.5 mm。短角果聚生近于伞房状，椭圆形或长椭圆形或卵形，长 3 ～ 6 mm，宽 1.5 ～ 2 mm。

生物学特征： 生于山坡岩石边、山顶碎石上、阴坡草甸、山坡沙砾地，海拔 2 000 ～ 5 300 m。花期 6—7 月。

地理分布： 我国分布于甘肃、青海、新疆、西藏；阿尔金山沙砾地常见。

生态价值： 为高山砂地常见种，对于改善沙地土质具有一定的作用。

43. 喜山葶苈
Draba oreades Schrenk

分类地位： 十字花科葶苈属

英文名称： Moutainloving Draba

中文别名： 毛萼葶苈

形态特征： 多年生草本，高 2 ～ 10 cm。根茎分枝多，下部留有鳞片状枯叶，上部叶丛生呈莲座状，叶片长圆形至倒披针形，长 6 ～ 25 mm，宽 2 ～ 4 mm，顶端渐钝，基部楔形，全缘。花茎高 5 ～ 8 cm，无叶或偶有 1 片叶，密生长单毛、叉状毛。总状花序密集成近于头状；萼片长卵形，背面有单毛；花瓣黄色，倒卵形，长 3 ～ 5 mm。短角果短宽卵形，长 4 ～ 6 mm，宽 3 ～ 4 mm，无毛。

生物学特征： 生于高山岩石边及高山石砾沟边裂缝中，海拔 3 000 ～ 5 300 m。花期 6—8 月。

地理分布： 我国分布于内蒙古、陕西、甘肃、青海、新疆、四川、云南、西藏；阿尔金山山坡石缝常见。

生态价值： 为高山石坡常见种，具有较高的观赏价值。

44. 北方葶苈
Draba borealis DC.

分类地位： 十字花科葶苈属

英文名称： North Draba

形态特征： 多年生草本，具少数莲座状叶丛，被叉状毛或星状毛。基生叶倒披针形或窄倒卵状长圆形，长 12 ～ 15 mm，宽 2 ～ 3 mm，全缘。花茎高 4 ～ 15 cm，不分枝，有叶 2 ～ 5 片。花序伞房状；花瓣白色，长 2 ～ 2.2 mm。短角果长条形，长约 4 mm，宽约 2 mm，无毛。

生物学特征： 生于高山草甸、砂地，海拔 3 000 ～ 4 300 m。花期 7—8 月。

地理分布： 我国分布于陕西、青海、新疆、四川；阿尔金山山地有分布。

生态价值： 为高山小草本，具有一定的生态价值。

45. 总状丛菔

Solms-laubachia platycarpa **(Hook. f.) Botsch.**

分类地位： 十字花科丛菔属

英文名称： Broadfruit Solms-laubachia

形态特征： 多年生垫状草本，高 5 ～ 10 cm。茎具分枝，有宿存叶柄。叶肉质，叶片卵形、近圆形或披针形，长 1 ～ 1.5 cm，宽达 1.5 mm，近无毛；叶柄长约 2 cm。总状花序具叶 1 ～ 3 片；花瓣白色，倒卵形或近圆形。长角果长椭圆形或卵形，长 1.5 ～ 2 cm，宽约 6 mm，无毛。

生物学特征： 生于山坡草甸，海拔 4 300 ～ 5 700 m。花果期 6—7 月。

地理分布： 我国分布于西藏、新疆；阿尔金山有分布。

生态价值： 为高山草甸物种，有水土保持价值。

46. 大花棒果芥

Sterigmostemum grandiflorum K. C. Kuan

分类地位：十字花科棒果芥属

英文名称：Bigflower Clubfruitcress

形态特征：多年生草本，高 6 ～ 16 cm，全体密生星状毛；茎单一或数个，从基部分枝。基生叶匙形或倒披针形，长 2 ～ 7 cm，宽 5 ～ 25 mm，顶端圆钝，基部渐狭，灰绿色；叶柄长 1 ～ 5 cm；茎生叶线形或披针形。总状花序顶生；花瓣灰黄色或黄棕色或带紫色，倒卵形，长 17 ～ 20 mm。长角果圆柱形，长 2.5 ～ 3.5 cm；种子长圆形，红棕色。

生物学特征：生于高山石下、沙滩石缝中，海拔 4 100 ～ 4 400 m。花果期 5—7 月。

地理分布：我国分布于青海、新疆；阿尔金山偶见于骆驼山。

生态价值：为高山沙石地偶见种，对固沙和形成生态景观有一定的作用。

47. 紫花糖芥

Erysimum chamaephyton Maxim.

分类地位：十字花科糖芥属

英文名称：Purpleflower Erysimum

形态特征：多年生草本，高 2 ～ 3 cm，全株被 2 叉丁字毛。茎短缩。茎生叶莲座状，叶片长圆状线形，长 1 ～ 2 cm，全缘。花莛多数，直立；萼片长圆形，长 2 ～ 3 mm；花瓣淡紫色，匙形，长 5 ～ 6 mm。长角果长圆形，四棱，长 1 ～ 2 cm，宽 1 ～ 2 mm。

生物学特征：生于高山草甸、流石滩，海拔 4 000 ～ 5 000 m。花果期 6—8 月。

地理分布：我国分布于甘肃、青海、新疆、西藏；阿尔金山盐碱地常见。

生态价值：为高山草甸种，具有一定的观赏价值。

48. 簇芥

***Pycnoplinthus uniflora* (Hook. f. et Thoms.) O. E. Schulz**

分类地位：十字花科簇芥属

英文名称：Oneflower Pycnoplinthus

形态特征：多年生垫状草本，高 2 ～ 5 cm，无毛。茎多数丛生。叶基生，线形，长 1 ～ 2 cm，宽 1.5 ～ 2 mm，近肉质，常全缘。花葶多数，与叶等长，花后高出叶丛，花瓣白色或变淡紫色，倒卵形，长 0.5 ～ 0.6 mm，宽约 2.5 mm。长角果窄圆柱形，长 1 ～ 1.5 cm，宽约 1.5 mm，近顶端稍弯曲。

生物学特征：生于山坡草甸。花果期 6—8 月。

地理分布：我国分布于青海、新疆、西藏；阿尔金山地区常见。

生态价值：为高山草甸常见种，对于保持水土具有一定的作用，也有观赏价值。

49. 尖果寒原荠

Aphragmus oxycarpus **(Hook. f. et Thoms.) Jafri. var.** ***oxycarpus***

分类地位：十字花科寒原荠属

英文名称：Sharpfruit Aphragmus

形态特征：多年生矮小草本，高 2 ～ 7 cm，被单毛或分叉毛。茎直立，近地面处分枝。叶基生，条形或条状披针形，长 2 ～ 5 cm，宽 0.9 ～ 1 mm，顶端钝，全缘。花序伞房状，花梗长 3 ～ 6 mm；萼片带紫色，长约 2 mm，有白色边缘；花瓣白色或淡紫色，倒卵圆形，长 4 ～ 5 mm，顶端钝圆。短角果长圆状披针形，长 6 ～ 8 mm，宽 1.5 ～ 2 mm。

生物学特征：生长在山坡草地，海拔 4 300 ～ 4 500 m。花果期 6—8 月。

地理分布：我国分布于四川、云南、西藏、新疆；阿尔金山地区常见。

生态价值：为高山草地常见种，对于保持水土具有一定的作用。

50. 无毛寒原荠

Aphragmus oxycarpus **(Hook. f. et Thoms.) Jafri. var. *glaber* (Vass.) Z. X. An**

分类地位： 十字花科寒原荠属

英文名称： Glabrous Sharpfruit Aphragmus

形态特征： 与原变种尖果寒原荠 *Aphragmus oxycarpus* (Hook. f. et Thoms.) Jafri. var. *oxycarpus* 的区别在于植株无毛。《Flora of China》将该变种并入原变种。

生物学特征： 生长山坡草地，海拔 3 900 ～ 5 000 m。花果期 6—8 月。

地理分布: 我国分布于云南、新疆、西藏；阿尔金山地区有分布。

生态价值： 对于保持水土具有一定的作用。

51. 寒原荠

Aphragmus tibeticus O. E. Schulz.

分类地位：十字花科寒原荠属

英文名称：Tibet Aphragmus

形态特征：多年生草本，高 1.5 ～ 4.5 cm，植株灰绿色，密被小星状毛，分枝毛或分叉毛。茎直立，近地面处分枝。叶密生，条形或条状披针形，长 7 ～ 15 mm，宽 0.7 ～ 1.2 mm，顶端急尖，全缘。花序伞房状，花梗长约 3.5 mm；萼片灰绿色或淡紫色，长约 2 mm，有白色边缘并有星状缘毛；花瓣白色，宽倒卵形，长 3 ～ 5 mm，宽 2 ～ 3.5 mm，顶端钝圆；子房密被小星状毛。短角果卵形，长 3 ～ 5 mm，宽 2 ～ 3 mm。《Flora of China》将该种并入尖果寒原荠 *A. oxycarpus*（Hook. f. et Thoms.）Jafri. 中，我们认为仍有待进一步的研究。

生物学特征：生长在干燥石质山坡、草地、草原，海拔 4 200 ～ 5 600 m。花果期 6—8 月。

地理分布：我国分布于四川（康定）、西藏（双湖、班戈）、新疆；阿尔金山地区常见。

生态价值：为高山草地常见种，对于保持水土具有一定的作用。

52. 蚓果芥

Neotorularia humilis **(C. A. Mey.) Hedge et J. Leonard**

分类地位： 十字花科蚓果芥属

英文名称： Low Neotorularia

中文别名： 串珠芥

形态特征： 多年生草本，高 5 ～ 30 cm，被 2 叉毛，并杂有 3 叉毛；茎自基部分枝。基生叶早枯；下部的茎生叶变化较大，叶片宽匙形至窄长卵形，长 5 ～ 30 mm，宽 1 ～ 6 mm，顶端钝圆，近无柄，全缘，或具 2 ～ 3 对钝齿；中、上部的条形。花序呈紧密伞房状，果期伸长；萼片长圆形，长 1.5 ～ 2.5 mm；花瓣倒卵形或宽楔形，白色，长 2 ～ 3 mm，顶端近截形或微缺。长角果长 8 ～ 30 mm，略呈念珠状。

生物学特征： 生于林下、河滩、草地。花期 4—6 月。

地理分布： 我国分布于河北、内蒙古、河南北部、陕西、甘肃、青海、新疆、西藏；阿尔金山河滩、草地常见。

生态价值： 为高山草地常见种，对于改善盐碱地土质具有一定的作用。

53. 红花肉叶荠
Braya rosea (Turcz.) Bunge

分类地位： 十字花科肉叶荠属

异名： *Braya tibetica* Hook.f.et Thoms.

英文名称： Tibet Braya

形态特征： 多年生草本，高 5 ～ 8 cm，被白色 2 叉分枝毛。近地面分枝。叶全部基生，呈莲座状，叶片长匙形、窄长圆形、椭圆形或倒卵状披针形，长 1 ～ 4 cm，宽 1 ～ 3 mm，基部渐窄成宽叶柄，叶缘具稀疏波状齿或近全缘，叶柄具睫毛，常变为暗深红色。花序为紧密的头状花序；萼片长约 2.5 mm，宿存，常为深红色，顶端与背面有长单毛；花瓣长圆状楔形，白色，后变为淡紫红色，长约 3 mm。短角果椭圆形，长 3.5 ～ 4 mm，宽 1 ～ 1.2 mm，膨胀；果梗短。

生物学特征： 生于山坡，海拔 2 500 ～ 5 000 m。花果期 6—8 月。

地理分布： 我国分布于青海、甘肃、新疆、四川、西藏；阿尔金山盐碱地常见。

生态价值： 为高山草地常见种，对于改善盐碱地土质具有一定的作用。

54. 圆丛红景天
Rhodiola coccinea (Royle) A.Bor.

分类地位： 景天科红景天属

英文名称： Dark Red Rhodiola

中文别名： 大红红景天

形态特征： 多年生草本。宿存老茎多数，直立。花茎高 5 ～ 15 cm。叶互生，肉质，长 5 ～ 6 mm，宽 1 ～ 1.5 mm，无柄，披针形，全缘，先端钝。伞房花序宽 1 cm，少花，密集；雌雄异株；萼片 4 ～ 5 枚，长圆形，先端钝，红色；花瓣 4 ～ 5 片，长约 4 mm，先端钝，红色；雄蕊 10 枚，短于花瓣；鳞片 4 ～ 5 枚，近长方形。蓇葖果卵形或长圆状卵形，红色，具很短的向外弯的喙。

生物学特征： 生于海拔 2 660 ～ 4 850 m 的石质山坡、岩石缝。花期 6—7 月。

地理分布： 我国分布于西藏、四川、甘肃、青海；阿尔金山高山石坡常见。

生态价值： 为高山石质山坡常见种，对于保持水土、防止沙化具有重要作用。

55. 山地虎耳草
Saxifraga montana H. Smith

分类地位： 虎耳草科虎耳草属

英文名称： Montane Rockfoil

形态特征： 多年生草本，丛生，高达 20 cm。茎疏被褐色卷曲柔毛。基生叶发达，具柄，叶片椭圆形至线状长圆形，先端钝或急尖，无毛；茎生叶披针形至线形，上部者变无柄。聚伞花序具 2 ～ 4 朵花，稀单花；萼片在花期直立，边缘具卷曲长柔毛，5 ～ 8 脉；花瓣黄色，基部侧脉旁具 2 个痂体；子房近上位，花柱 2 枚。

生物学特征： 生于海拔 3 800 ～ 5 300 m 的灌丛、草甸、石缝。花期 5—10 月。

地理分布： 我国分布于西藏、四川、甘肃、青海、新疆、陕西、山西；阿尔金山湿草甸常见。

生态价值： 为高山湿草甸常见种，有一定的观赏价值。

56. 西藏虎耳草
Saxifraga tibetica A. Losinsk.

分类地位：虎耳草科虎耳草属

英文名称：Tibet Rockfoil

形态特征：多年生草本，密丛生，高达 6 cm。茎密被褐色卷曲柔毛。基生叶具柄，叶片椭圆形至长圆形，先端钝或急尖，无毛；茎生叶卵状披针形至条形，上部者变无柄。花单生于茎顶；萼片在花期反曲，边缘具卷曲长柔毛；花瓣内面上部黄色，下部紫红色，基部具 2 个痂体；花柱 2 枚。

生物学特征：生于海拔 4 500～5 500 m 的草甸、石缝。花期 7—9 月。

地理分布：我国分布于西藏、青海、新疆；阿尔金山草甸常见。

生态价值：为高山湿草甸常见种，有一定的观赏价值。

57. 光缘虎耳草
Saxifraga nanella Engl. et Irmsch.

分类地位： 虎耳草科虎耳草属

英文名称： Glabrous Margin Rockfoil

形态特征： 多年生草本。叶密集呈莲座状，近匙形至近长圆形，先端钝圆，两面无毛，边缘具腺缘毛。花单生或聚伞花序 2 ～ 5 朵花；萼片在花期开展至反曲，背面具腺毛；花瓣黄色，内面下部桔橙色斑点，椭圆形至卵形，基部具 2 个痂体或无痂体；花柱 2 枚。

生物学特征： 生于海拔 3 000 ～ 5 800 m 的高山草甸、高山灌丛草甸及石缝。花期 7—8 月。

地理分布： 我国分布于云南、西藏、青海、新疆；阿尔金山草甸常见。

生态价值： 为高山湿草甸常见种，有一定的观赏价值。

58. 砂生地蔷薇
Chamaerhodos sabulosa Bunge

分类地位： 蔷薇科地蔷薇属

英文名称： Sangy Chamaerhodos

中文别名： 沙生地蔷薇

形态特征： 多年生草本；茎多数，丛生，平铺或上升，茎叶及叶柄均有短腺毛及长柔毛。基生叶莲座状，长 1 ～ 3 cm，三回三深裂，一回裂片三全裂，二回裂片二至三回浅裂或不裂，小裂片长圆匙形；茎生叶少数或缺，似基生叶。圆锥状聚伞花序顶生，多花；花小，萼片 5 枚，直立；花瓣长 2 ～ 3 mm，白色或粉红色；雄蕊 5 枚；心皮常 6 ～ 8 枚，离生。瘦果卵形，长 1 mm。

生物学特征： 生于河边砂地或砾地。花期 6—7 月，果期 8—9 月。

地理分布： 我国分布于内蒙古、新疆、西藏；阿尔金山高山石坡常见。

生态价值： 为高山石坡常见种，对于保持水土、防止沙化具有一定作用。

59. 鹅绒委陵菜
***Potentilla anserina* L.**

分类地位： 蔷薇科委陵菜属

英文名称： Sliverweed Cinquefoil

中文别名： 蕨麻、人参果、延寿草、莲花菜

形态特征： 多年生草本。根向下延长，有时在根的下部长成纺锤形或椭圆形块根。茎匍匐，在节处生根。基生叶为间断羽状复叶，有小叶 6 ～ 11 对。小叶片长 1 ～ 2.5 cm，宽 0.5 ～ 1 cm，上面绿色，被疏柔毛下面密被紧贴银白色绢毛，茎生叶与基生叶相似，唯小叶对数较少。单花腋生；花梗长 2.5 ～ 8 cm，被疏柔毛；花直径 1.5 ～ 2 cm，5 数；萼片三角卵形，副萼片常 2 ～ 3 裂稀不裂；花瓣黄色，比萼片长 1 倍；聚合瘦果。

生物学特征： 生于河岸、路边、山坡草地及草甸。

地理分布： 我国分布于黑龙江、吉林、辽宁、内蒙古、河北、山西、陕西、甘肃、宁夏、青海、新疆、四川、云南、西藏；阿尔金山山坡草地及草甸常见。

生态价值： 为高山山坡草地常见种，具有较高的观赏价值，也是蜜源植物和饲料植物。

60. 二裂委陵菜
Potentilla bifucra Willd.ex Schlecht.

分类地位：蔷薇科委陵菜属

英文名称：Bifurcate Cinquefoil

中文别名：叉叶委陵菜

形态特征：多年生丛生或垫状草本。花茎直立，高 4 ～ 12 cm，被疏柔毛。基生叶羽状至近掌状 5 出复叶，连叶柄长 2 ～ 6 cm，叶柄被白色长柔毛，上面一对小叶基部下延与叶轴汇合，下面一对小叶常深裂为两部分几达基部；小叶片线形，长 0.8 ～ 1.7 cm，宽 1 ～ 3 mm，边缘全缘，向下反卷，上面暗绿色，被疏柔毛，下面绿色。花单生或 2 朵，稀 3 朵；花直径 1.2 ～ 1.5 cm；萼片三角卵形，副萼片披针形；花瓣 5 片，黄色，顶端凹，比萼片长 0.5 ～ 1 倍。聚合瘦果。

二裂委陵菜常划分为多个变种，阿尔金山分布的种更接近矮生二裂委陵菜 *Potentilla bifurca* Willd.ex Schlecht. var. *humilior* Rupr. et Osten-Sacken。但是我们认为二裂委陵菜随环境变异较大，没有划分变种的必要。

生物学特征：生于海拔 2 300 ～ 4 500 m 的高山草地、多砾石隙缝中及雪峰间岩石上。花果期 7—10 月。

地理分布：我国分布于新疆；阿尔金山高山石缝常见。

生态价值：为高山石坡常见种，具有较高的观赏价值。

61. 雪白委陵菜
Potentilla nivea L.

分类地位： 蔷薇科委陵菜属

英文名称： Snow White Cinquefoil

中文别名： 白萎陵菜

形态特征： 多年生草本。花茎直立或上升，长 5 ～ 25 cm，被灰白色绒毛。基生叶为掌状 3 出复叶，连叶柄长 2 ～ 8 cm；小叶片卵形至椭圆形，长 1 ～ 2 cm，边缘有 3 ～ 7 个圆钝齿，裂片长圆形，上面绿色，被伏生柔毛，下面被雪白色绒毛；茎生叶 1 ～ 2 片，小叶较小。聚伞花序少花，稀单生；萼片 5 枚，副萼片比萼片短；花瓣 5 片，顶端下凹，常比萼片长 1 ～ 2 倍。

生物学特征： 生于高山草甸、高山灌丛及沼泽边缘，海拔 2 000 ～ 4 200 m。花期 6—8 月。

地理分布： 我国分布于吉林、内蒙古、陕西、河北、新疆；阿尔金山高山草甸分布。

生态价值： 为高山草甸种，具有良好的观赏价值。

62. 钉柱委陵菜

Potentilla saundersiana Royle

分类地位： 蔷薇科委陵菜属

英文名称： Saunders Cinquefoil

中文别名： 丁柱委陵菜

形态特征： 多年生草本。花茎直立或上升，高 10 ～ 20 cm，被白色绒毛及疏柔毛。基生叶 3 ～ 5 掌状复叶，被白色绒毛及疏柔毛，小叶无柄；小叶片长圆倒卵形，顶端圆钝或急尖，基部楔形，边缘有多数缺刻状锯齿，茎生叶 1 ～ 2 片，小叶 3 ～ 5 片，与基生叶小叶相似聚伞花序顶生，有花多朵，疏散；花直径 1 ～ 1.4 cm；萼片 5 枚，副萼片披针形，比萼片短或几等长；花瓣 5 片，黄色，顶端下凹，比萼片略长或长 1 倍。瘦果光滑。

生物学特征： 生于山坡草地、多石山顶、高山灌丛及草甸。花果期 6—8 月。

地理分布： 我国分布于山西、陕西、甘肃、宁夏、新疆、青海、四川、云南、西藏；阿尔金山山坡草地常见。

生态价值： 为高山石坡常见种，具有较强的水土保持功能。

63. 多裂委陵菜

Potentilla multifida **L. var.** ***multifida***

分类地位： 蔷薇科委陵菜属

英文名称： Many-cleft Cinquefoil

中文别名： 细裂委陵菜

形态特征： 多年生草本。花茎上升，高 12 ～ 40 cm 基生叶羽状复叶，有小叶 3 ～ 5 对；小叶片羽状深裂几达中脉，长 1 ～ 5 cm，宽 0.8 ～ 2 cm，向基部逐渐减小，下面被白色绒毛，沿脉伏生绢状长柔毛；茎生叶 2 ～ 3 片，与基生叶形状相似。花序为伞房状聚伞花序；花直径 1.2 ～ 1.5 cm；萼片 5 枚；花瓣 5 片，黄色，顶端微凹，长不超过萼片 1 倍。

生物学特征： 生于山坡草地，海拔 4 000 ～ 4 200 m。花期 5—8 月。

地理分布： 我国分布于新疆；阿尔金山高山草甸常见。

生态价值： 为高山草甸常见种，具有较高的观赏价值。

64. 掌叶多裂委陵菜

Potentilla multifida L. var. *ornithopoda* Wolf

分类地位： 蔷薇科委陵菜属

英文名称： Palmate Many-cleft Cinquefoil

形态特征： 与原变种多裂委陵菜的区别在于茎生叶 2 ～ 3 片，小叶 5 片，羽状深裂紧密排列在叶柄顶端，有时近似掌状。

生物学特征: 生于山坡草地、河滩、沟边、草甸、林缘。花果期 5—8 月。

地理分布: 我国分布于黑龙江、内蒙古、河北、山西、陕西、甘肃、宁夏、青海、新疆、西藏；阿尔金山高山草地常见。

生态价值： 为高山常见种，具有较强的水土保持功能。

65. 帕米尔委陵菜

Potentilla pamirodlaica Juz.

分类地位： 蔷薇科委陵菜属

英文名称： Alpine Cinquefoil

中文别名： 高原委陵菜

形态特征： 多年生草本。基生叶为羽状复叶，有小叶 3 ～ 5 对，小叶无柄，上小叶片边缘羽状深裂，上面绿色或灰绿色，密被白色伏生柔毛，下面密被白色绒毛。花序疏散，少花，花梗长 1.5 ～ 3 cm，密被伏生柔毛；花直径 1.2 ～ 1.5 cm；萼片 5 枚，副萼片比萼片短稀近等长；花瓣 5 片，黄色，倒卵形，顶端微凹，比萼片长。

生物学特征： 生于山坡、河谷阴处，海拔 3 300 ～ 4 700 m。花果期 6—8 月。

地理分布： 我国分布于新疆、西藏；阿尔金山高山草甸常见。

生态价值： 为高山草甸常见种，具有较高的观赏价值。

66. 伏毛山莓草
Sibbaldia adpressa Bunge

分类地位： 蔷薇科山莓草属

英文名称： Pressedhairy Sibbaldia

中文别名： 十蕊山莓草

形态特征： 多年生草本。花茎矮小，丛生，高 1.5 ～ 12 cm。基生叶为羽状复叶，有小叶 2 对，连叶柄长 1.5 ～ 7 cm；顶生小叶片有 3 齿；茎生叶 1 ～ 2 片，与基生叶相似。聚伞花序数朵，或单花顶生；花 5 数，直径 0.6 ～ 1 cm；萼片三角卵形，副萼片比萼片略长或稍短；花瓣黄色或白色，倒卵长圆形；雄蕊 10 枚，与萼片等长或稍短。

生物学特征： 生于山坡草地、砾石地及河滩地，海拔 3 900 ～ 4 200 m。花果期 5—8 月。

地理分布： 我国分布于黑龙江、内蒙古、河北、甘肃、青海、新疆、西藏；阿尔金山河滩常见。

生态价值： 为高山河滩常见种，具有较高的观赏价值。

67. 团垫黄耆

Astragalus arnoldii **Hemsl.**

分类地位：豆科黄耆属

英文名称：Arnold Milkvetch

形态特征：多年生垫状草本，高 5 ～ 10 cm。茎极缩短，多数，被灰色白毛。羽状复叶有 5 ～ 7 片小叶，小叶狭长圆形，两面被灰色白毛，近无柄。总状花序的花序轴缩短，花萼钟状，密被黑白混生的伏贴毛；花冠蓝紫色，旗瓣宽倒卵形，先端微凹。翼瓣长 7 ～ 8 mm，瓣片长圆形，花瓣柄稍长，龙骨瓣较翼瓣短，瓣片与瓣柄等长。子房有短柄，密生软毛。荚果长圆形，微弯，被白毛。

生物学特征：生于海拔 4 600 ～ 5 100 m 的山坡及河滩上。花期 7 月，果期 8—9 月。

地理分布：我国分布于青海、西藏、新疆；阿尔金山山坡、河滩有分布。

生态价值：为高山河滩常见种，对于保持水土具有重要价值。

68. 异齿黄耆

***Astragalus heterodontus* Boriss.**

分类地位：豆科黄耆属

英文名称：Different-tooth Milkvetch

形态特征：多年生草本。茎基部分枝，高 10 ～ 25 cm，被白色短伏贴柔毛。羽状复叶有 9 ～ 17 片小叶，长 2 ～ 4 cm，叶柄长 0.5 ～ 1.5 cm；托叶基部多少合生；小叶椭圆形至长圆形，长 5 ～ 12 mm，宽 2 ～ 4 mm，先端钝，上面无毛，下面被稀疏白色短伏贴柔毛。总状花序生多花，呈头状；花萼钟状，长约 3 mm；花冠青紫色，旗瓣长 7 ～ 8 mm，先端微凹，翼瓣与龙骨瓣较短。荚果近球形，直径约 3mm，被白色混有黑色的伏贴柔毛，具横纹。

生物学特征：生于海拔 3 500 ～ 4 900 m 的河滩沙砾地上。花果期 7—8 月。

地理分布：我国分布于新疆、西藏；阿尔金山荒滩常见。

生态价值：为高山荒滩常见种，对于保持水土具有重要价值。

69. 绒毛黄耆
Astragalus hendersonii **Baker**

分类地位： 豆科黄耆属
英文名称： Henderson Milkvetch
中文别名： 长爪黄芪
形态特征： 多年生草本。茎单一或2枝生于根状茎顶端，高3～5 cm，连同全株密被白色绒毛。羽状复叶有11～17片小叶，长1.5～2 cm，具6～7 mm长的叶柄；小叶椭圆形或长圆倒卵形，长3～6 mm，宽1.5～2.5 mm，先端尖或钝，密接或重叠。花单一顶生或2朵孪生；花萼钟状，萼筒长约3 mm；花冠紫红色，旗瓣长9～10 mm，宽约9 mm，先端钝圆，翼瓣与旗瓣的瓣片均与爪近等长；子房有短柄。荚果淡紫色，长15～22 mm，宽7～9 mm。
生物学特征： 生于海拔4 700～5 000 m的高山砾石山坡或沙坡。花果期7—9月。
地理分布： 我国分布于青海、西藏、新疆；阿尔金山荒漠少见。
生态价值： 为高山荒漠少见种，对于保持水土具有重要价值。

70. 长毛荚黄耆

Astragalus monophyllus Bunge ex Maxim.

分类地位： 豆科黄耆属

异名： *Astragalus macrotrichus* E. ex Peter

英文名称： Hairy pods astragalus

中文别名： 三叶黄芪

形态特征： 多年生草本，高 3 ～ 6 cm，被白色伏贴长粗毛。茎极短缩。叶有 3 片小叶，密集覆盖地表；小叶近无柄，宽卵形或近圆形，长 8 ～ 12 mm，先端具短尖头，两面被白色伏贴粗毛。总状花序生 1 ～ 2 花；苞片膜质；花萼钟状管形；花冠淡黄色（干时），旗瓣倒披针形，翼瓣较旗瓣稍短，龙骨瓣长 12 ～ 15 mm；子房长圆柱状，密被白色长毛。荚果长圆形，膨胀，长 15 ～ 25 mm，两端尖，密被白色长柔毛。

生物学特征： 生于干旱草原针茅群丛中和戈壁滩上。花期 4—5 月，果期 5—6 月。

地理分布： 我国分布于内蒙古、山西、甘肃、新疆；阿尔金山干旱草原沙漠常见。

生态价值： 为干旱草原沙漠常见种，对于防止沙化具有重要价值。

71. 雪地黄芪

Astragalis nivalis Kar. et Kir

分类地位：豆科黄耆属

英文名称：Snow astragalus

中文别名：雪白黄耆

形态特征：多年生草本，常密丛状，被灰白色伏贴毛。茎斜上，稀匍匐，高 8 ～ 25 cm。羽状复叶有 9 ～ 17 片小叶，长 2 ～ 5 cm；小叶圆形或卵圆形，长 2 ～ 5 mm，顶端钝圆。总状花序圆球形，生数花；花萼初期管状，长 8 ～ 11 mm，果期膨大成卵圆形，萼齿长约 1 mm；花冠淡蓝紫色；旗瓣长 15 ～ 22 mm，翼瓣较旗瓣稍短，先端 2 裂，龙骨瓣较翼瓣短。荚果卵状椭圆形，长 5 ～ 6 mm，宽 3.5 mm，具短喙，有短柄，被开展的白毛和黑毛。

生物学特征：生于 2 500 ～ 4 000 m 的高原、河滩及山顶。花期 6—7 月，果期 7—8 月。

地理分布：我国分布于青海、新疆、西藏；阿尔金山荒漠常见。

生态价值：为高山荒漠常见种，匍匐丛生，对于保持水土具有重要价值。

72. 马衔山黄耆
Astragalus mahoschanicus Hand.-Mazz.

分类地位： 豆科黄耆属

英文名称： Mahoschan Milkvetch

形态特征： 多年生草本。茎细弱，高 10 ～ 35 cm，被白色和黑色短伏贴柔毛。羽状复叶有 9 ～ 19 片小叶，长 5 ～ 8 cm，叶柄长 0.5 ～ 1.5 cm；托叶离生；小叶卵圆形至长圆披针形，长 10 ～ 20 mm，宽 3 ～ 6 mm，上面无毛，下面被白色伏贴柔毛。总状花序生花 15 ～ 40 朵，呈圆柱状；花萼钟状，长 4 ～ 5 mm；花冠黄色，旗瓣长约 7 mm，先端微凹，翼瓣与龙骨瓣较短。荚果球形，直径约 3 mm，被白色混有黑色柔毛。

生物学特征： 生于海拔 2 500 ～ 4 900 m 的河滩沙砾地上。花果期 7—8 月。

地理分布： 我国分布于内蒙古、宁夏、甘肃、四川、新疆、西藏；阿尔金山荒滩有分布。

生态价值： 为高山荒滩分布物种，对于保持水土具有重要价值。

73. 多枝黄耆
Astragalus polycladus **Bur. et Franch.**

分类地位：豆科黄耆属

英文名称：Many-branch Milkvetch

形态特征：多年生草本。茎丛生，高 5 ～ 35 cm，被白色短伏贴柔毛或混有黑色毛。羽状复叶有 11 ～ 23 片小叶，长 2 ～ 6 cm，叶柄长 0.5 ～ 1 cm；托叶离生；小叶披针形至近卵形，长 2 ～ 7 mm，宽 1 ～ 3 mm，两面被白色伏贴柔毛。总状花序生多花，呈头状；花萼钟状，长 2 ～ 3 mm；花冠红色或青紫色，旗瓣长 7 ～ 8 mm，先端微凹，与翼瓣近等长，龙骨瓣较短。荚果长圆形，微弯曲，长 5 ～ 8 mm。

生物学特征：生于海拔 2 000 ～ 4 300 m 的河滩沙砾地上。花果期 7—9 月。

地理分布：我国分布于四川、云南、青海、甘肃、新疆、西藏；阿尔金山荒滩常见。

生态价值：为高山荒滩常见种，对于保持水土具有重要价值。

74. 黑穗黄耆
Astragalus melanostachys Benth. ex Bunge

分类地位： 豆科黄耆属

英文名称： Black-spike Milkvetch

形态特征： 多年生草本。茎丛生，节间长 1 ～ 3 cm。羽状复叶有 13 ～ 17 片小叶，长 4 ～ 8 cm，叶柄长 1.5 ～ 2 cm；托叶基部多少合生；小叶宽卵形至近圆形，长 3 ～ 8 mm，宽 2 ～ 5 mm，上面无毛，下面被白色伏贴柔毛。总状花序腋生，多花密集；花萼钟状，长 5.5 ～ 6 mm；花冠青紫色，旗瓣长 6 ～ 7 mm，翼瓣与龙骨瓣较短。荚果圆形或卵形，长 4 ～ 5 mm，被黑色柔毛。

生物学特征： 生于海拔 4 600 m 的山坡草地。花果期 7—9 月。

地理分布： 我国分布于新疆、西藏；阿尔金山山坡常见。

生态价值： 为高山山坡常见种，对于保持水土具有重要价值。

75. 刺叶柄棘豆

Oxytropis aciphylla Ledeb.

分类地位： 豆科棘豆属

英文名称： Spinyleaf Crazyweed

中文别名： 猫头刺

形态特征： 垫状矮小半灌木，高 8 ～ 20 cm。根粗壮。茎多分枝，全体呈球状植丛。偶数羽状复叶；叶轴宿存，木质化，先端尖锐，呈硬刺状；小叶 4 ～ 6 对生，长 5 ～ 18 mm，宽 1 ～ 2 mm，具刺尖，两面密被贴伏白色绢状柔毛和不等臂的丁字毛。1 ～ 2 朵花组成腋生总状花序；花萼筒状，花后稍膨胀，密被贴伏长柔毛；花冠红紫色、蓝紫色以至白色，旗瓣长 13 ～ 24 mm，翼瓣长 12 ～ 20 mm，龙骨瓣长 11 ～ 13 mm。荚果硬革质，长圆形，长 10 ～ 20 mm，宽 4 ～ 5 mm。

生物学特征： 生于海拔 1 000 ～ 3 250 m 的砾石质平原、薄层沙地、丘陵坡地及砂荒地上。花期 5—6 月，果期 6—7 月。

地理分布： 我国分布于内蒙古、陕西、宁夏、甘肃、青海、新疆等省（区）；阿尔金山荒漠常见。

生态价值： 为高原荒漠常见种，花色艳丽，具有一定的景观价值。

76. 密丛棘豆
Oxytropis densa Benth. ex Bunge

分类地位： 豆科棘豆属

英文名称： Dense Crazyweed

中文别名： 密集棘豆

形态特征： 多年生垫状草本，高 2 ～ 7 cm。茎缩短，分枝，密被长柔毛。羽状复叶长 1 ～ 3 cm；叶柄与叶轴及叶密被开展白色长柔毛；小叶 11 ～ 19 片，长 2 ～ 4 mm，宽 1 ～ 2 mm。6 ～ 10 朵花组成头形总状花序；花萼钟状，长 4 ～ 6 mm，密被白色和黑色短柔毛；花冠紫红色或蓝紫色，旗瓣长 5 ～ 8 mm，翼瓣与旗瓣近等长或稍短，龙骨瓣长 5 ～ 6 mm，子房密被白色和黑色长柔毛。荚果长圆状圆柱形，膨胀，长 9 ～ 12 mm，宽 2 ～ 3 mm，密被白色短柔毛。

生物学特征： 生于海拔 2 500 ～ 5 300 m 的河滩、高山草原、砾石山坡和石质荒地。花期 6—7 月，果期 7—8 月。

地理分布： 我国分布于甘肃、青海、西藏等省（区）；阿尔金山荒漠常见。

生态价值： 为高原荒漠常见种，丛生匍匐、花色艳丽，具有很高的景观价值和生态价值。

77. 镰荚棘豆
Oxytropis falcata Bunge

分类地位： 豆科棘豆属

英文名称： Falcate crazyweed

中文别名： 镰形棘豆

形态特征： 多年生草本，高 1 ～ 35 cm，具黏性和特异气味。茎缩短，木质而多分枝，丛生。羽状复叶长 5 ～ 20 cm；小叶 25 ～ 45 片，线状披针形、线形，上面疏被白色长柔毛，下面密被淡褐色腺点。6 ～ 10 朵花组成头形总状花序；花长 20 ～ 25 mm；花萼筒状，密被白色长柔毛和黑色柔毛；花冠蓝紫色或紫红色。荚果稍膨胀，略呈镰刀状弯曲，长 25 ～ 40 mm，宽 6 ～ 8 mm，喙长 4 ～ 6 mm，被腺点和短柔毛。

生物学特征： 生于海拔 2 700 ～ 4 300 m 的山坡、沙丘、河谷、高山草甸。花期 5—8 月，果期 7—9 月。

地理分布： 我国分布于甘肃、青海、新疆、四川、西藏等省（区）；阿尔金山荒漠常见。

生态价值： 为高原荒漠常见种，具有较高的景观价值和生态价值。

78. 小花棘豆
Oxytropis glabra (Lam.) DC.

分类地位： 豆科棘豆属

英文名称： Glabrous crazyweed

中文别名： 醉马草

形态特征： 多年生草本，高 20 ～ 80 cm。茎分枝多，直立或铺散。羽状复叶长 5 ～ 15 cm；小叶 11 ～ 27 片，披针形或卵状披针形，上面无毛，下面微被贴伏柔毛。多花组成稀疏总状花序，长 4 ～ 7 cm；花长 6 ～ 8 mm；花萼钟形。花冠淡紫色或蓝紫色；子房疏被长柔毛。荚果膜质，长圆形，膨胀，下垂，长 10 ～ 20 mm，宽 3 ～ 5 mm。

生物学特征： 生于海拔 440 ～ 3 400 m 的山坡草地、石质山坡、草地、荒地、沼泽草甸、盐土草滩上。花期 6—8 月，果期 7—9 月。

地理分布： 我国分布于内蒙古、山西、陕西、甘肃、青海、新疆和西藏等省（区）；阿尔金山荒漠常见。

生态价值： 为高原荒漠常见种，对于水土保持具有重要价值。

79. 冰川棘豆
Oxytropis glacialis Benth. ex Bunge

分类地位： 豆科棘豆属

英文名称： Glaclier crazyweed

形态特征： 多年生草本，高 3 ～ 17 cm。茎极缩短，丛生。羽状复叶长 2 ～ 12 cm；小叶 9 ～ 19 片，长圆形或长圆状披针形，长 3 ～ 10 mm，两面密被开展绢状长柔毛。6 ～ 10 朵花组成球形或长圆形总状花序；花长 8 ～ 9 mm；花萼密被黑色或白色杂生黑色长柔毛；花冠紫红色、蓝紫色、偶有白色。荚果草质，卵状球形或长圆状球形，膨胀，长 5 ～ 7 mm，宽 4 ～ 6 mm，密被开展白色长柔毛和黑色短柔毛。

生物学特征： 生于海拔 4 500 ～ 5 400 m 的山坡草地、砾石山坡、河滩砾石地、砂质地。花期 6—8 月，果期 7—9 月。

地理分布： 我国分布于新疆和西藏等省（区）；阿尔金山砾石山坡常见。

生态价值： 为高原砾石山坡常见种，花色艳丽，具有很高的观赏价值。

80. 科达尔棘豆（新拟）
Oxytropis kodarensis Jurtzev et Malyschev

分类地位：豆科棘豆属

英文名称：Kodar crazyweed

形态特征：多年生草本。茎缩短，被白色开展柔毛。羽状复叶长 3 ～ 8 cm；小叶 9 ～ 21 片，卵状长圆形或长圆形，长 2 ～ 4 mm，宽 1.5 ～ 3 mm，两面被白色长柔毛。2 ～ 5 朵花组成头状花序；花长 9 mm；花萼钟状；花冠紫色。荚果膜质，长椭圆形，长 25 ～ 30 mm，宽 8 ～ 10 mm，背腹压扁，被白色和黑色短柔毛。

生物学特征：生于高山草甸或高山河滩岸边，海拔 2 000 ～ 4 500 m。花果期 6—7 月。

地理分布：我国分布于新疆、青海，本种为中国植物新分布，模式标本产于俄罗斯；阿尔金山山坡、河滩偶见。

生态价值：为高山山坡和河滩偶见种，具有一定的观赏价值。

81. 米尔克棘豆

Oxytropis merkensis Bunge

分类地位： 豆科棘豆属

英文名称： Merk Crazyweed

形态特征： 多年生草本。茎分枝，短缩，被短柔毛。羽状复叶长 5 ～ 15 cm。托叶与叶柄贴生很高，分离部分披针状钻形；小叶 13 ～ 25 片，长 5 ～ 10 mm，宽 2 ～ 5 mm。多花组成疏散的总状花序，盛花期或果期伸长达 10 ～ 20 cm，总花梗长于叶 1 ～ 2 倍；花萼钟状，长 4 ～ 5 mm，萼齿钻形；花冠紫色或淡白色，旗瓣长 7 ～ 10 mm。荚果长圆形，下垂，长 10 ～ 16 mm，宽 5 ～ 6 mm，先端具短渐尖，被白色贴伏柔毛。

生物学特征： 生于高山石质草原、草甸、山坡、河谷，海拔 1 400 ～ 4 200 m。花期 6—7 月，果期 7—8 月。

地理分布： 我国分布于宁夏、甘肃、青海、内蒙古；阿尔金山偶见。

生态价值： 为高山山地偶见种，对于固沙和防止沙化具有重要价值。

82. 黄花棘豆

Oxytropis ochrocephala Bunge

分类地位： 豆科棘豆属

英文名称： Yellowhair Crazyweed

形态特征： 多年生草本，高 10 ～ 50 cm。茎直立，基部分枝。羽状复叶长 10 ～ 19 cm。托叶与叶柄离生，于基部彼此合生；叶轴与小叶之间有淡褐色腺点，密被黄色长柔毛；小叶 17 ～ 31 片，长 10 ～ 30 mm，宽 3 ～ 10 mm。多花组成密总状花序；花长 11 ～ 17 mm；花萼膜质，筒状，长 11 ～ 14 mm，萼齿线状披针形，长约 6 mm；花冠黄色；子房密被贴伏黄色和白色柔毛。荚果长圆形，长 12 ～ 15 mm，宽 4 ～ 5 mm，微弯曲，密被黑色短柔毛。

生物学特征： 适生于各种环境，海拔 1 900 ～ 5 200 m。花期 6—8 月，果期 7—9 月。

地理分布： 我国分布于宁夏南部、甘肃南部和西部、青海东部和南部、四川西部及西藏东南部、新疆；阿尔金山干旱草原沙漠常见。

生态价值： 为干旱草原沙漠常见种，对于固沙和防止沙化具有重要价值。

83. 宽瓣棘豆
Oxytropis platysema Schrenk

分类地位： 豆科棘豆属

英文名称： Broadpetal Crazyweed

形态特征： 多年生草本，高 2 ～ 8 cm。茎缩短，几无毛。羽状复叶长 2 ～ 5 cm，托叶膜质，彼此合生很高；小叶 13 ～ 21 片，卵状披针形至卵形，长 3 ～ 7 mm，宽 1.5 ～ 3 mm，两面无毛。3 ～ 5 朵花组成头形总状花序；花长 11 mm；花萼钟状，长 6 ～ 9 mm，被白色和黑色长柔毛；花冠紫色，旗瓣长 9 ～ 11 mm，翼瓣稍短于旗瓣，龙骨瓣略短于翼瓣。荚果长圆形，长 10 ～ 15 mm，宽 3 ～ 4 mm，被黑色贴伏柔毛。

生物学特征： 生于高山草甸和河边砾石地，海拔 2 800 ～ 5 200 m。花期 6—7 月，果期 8 月。

地理分布： 我国分布于青海、西藏、新疆；阿尔金山高山草甸偶见。

生态价值： 为高山草甸偶见种，对于保持水土具有重要价值。

84. 胀果棘豆
Oxytropis stracheyana Bunge

分类地位： 豆科棘豆属

英文名称： Strachey Crazyweed

形态特征： 多年生草本，高 2 ～ 3 cm。茎缩短，丛生垫状。羽状复叶长 2 ～ 3 cm；小叶 5 ～ 9 片，长圆形，长 3 ～ 7 mm，宽 1 ～ 2 mm，两面密生绢状柔毛。3 ～ 6 朵花组成伞形总状花序；花长约 25 mm；花萼长 12 ～ 14 mm，密被绢状柔毛，萼齿三角形，短于萼筒；花冠粉红色、淡蓝色、紫红色，旗瓣长 23 ～ 25 mm，翼瓣稍短于旗瓣，龙骨瓣稍短于翼瓣。荚果卵圆形，膨胀，长约 12 mm，密被白色绢状长柔毛。

生物学特征： 生于海拔 2 200 ～ 5 200 m 的山坡草甸、岩石缝、河滩砾石草甸。花果期 7—9 月。

地理分布： 我国分布于青海、西藏、新疆；阿尔金山山坡草甸常见。

生态价值： 为高山草甸常见种，对于保持水土具有重要价值。

85. 八宿棘豆
Oxytropis baxoiensis P. C. Li.

分类地位： 豆科棘豆属

英文名称： Baxoi Crazyweed

形态特征： 多年生草本。茎极缩短，丛生。羽状复叶长 1.5 ～ 2.5 cm，托叶中部以下与叶柄贴生，彼此分离，叶柄、叶轴及小叶被绢状柔毛；小叶 9 ～ 11 片，较密集，长圆形或卵形，长 3 ～ 4 mm，宽 1.5 ～ 2 mm。5 ～ 10 朵花组成伞形总状花序，总花梗比叶长近两倍；花长约 10 mm；花萼钟状，长 4 ～ 6 mm，被白色和黑色长柔毛；花冠紫色，旗瓣长 8 ～ 10 mm，翼瓣稍短于旗瓣，龙骨瓣略短于翼瓣。荚果幼时长圆形，被黑色贴伏柔毛。

生物学特征： 生于高山草甸，海拔 3 900 m。花果期 6—8 月。

地理分布： 我国分布于西藏、新疆；阿尔金山高山草甸偶见。

生态价值： 为高山草甸偶见种，对于保持水土具有重要价值。

86. 高山野决明

Thermopsis alpine (Pall.) Ledeb.

分类地位： 豆科野决明属

英文名称： Alpine Thermopsis

中文别名： 高山黄华

形态特征： 多年生草本，高 12 ～ 30 cm，被柔毛。根状茎发达。茎直立，分枝或单生，具沟棱，三出羽状复叶。小叶线状倒卵形至卵形，长 2 ～ 5.5 cm，宽 8 ～ 25 mm。总状花序顶生，长 5 ～ 15 cm，具花 2 ～ 3 轮，2 ～ 3 朵花轮生；萼钟形，长 10 ～ 17 mm；花冠黄色，花瓣长 2 ～ 2.8 cm，翼瓣与旗瓣几等长，龙骨瓣长 2 ～ 2.1 cm。荚果长圆状卵形，长 2 ～ 6 cm，宽 1 ～ 2 cm。

生物学特征： 生于高山苔原、砾质荒漠、草原和河滩砂地，海拔 2 400 ～ 4 800 m。花期 5—7 月，果期 7—8 月。

地理分布： 我国分布于东北、华北和青藏高原；阿尔金山干旱草原和荒漠常见。

生态价值： 为高山草原和荒漠优势种，对于水土保持具有重要作用。

87. 秀丽水柏枝
Myricaria elegans **Royle**

分类地位： 柽柳科水柏枝属

英文名称： Elegant Falsetamarisk

形态特征： 直立灌木，高 3 ~ 5 m；茎直立，上部多分枝；老枝红褐色或暗紫色；当年生枝绿色或红褐色，光滑，有条纹。叶扁平，长圆形、椭圆状披针形或卵状披针形，长 5 ~ 15 mm，宽 2 ~ 3 mm。总状花序常侧生；苞片长 4 ~ 5 mm，花梗长 2 ~ 3 mm；花瓣长 5 ~ 6 mm，宽 2 ~ 3 mm，紫红色、粉红色或白色；花丝基部合生；柱头 3 裂。蒴果狭圆锥形，长约 8 mm。

生物学特征： 生于山地河滩及湖边砂地，海拔 3 000 ~ 4 300 m。花果期 6—7 月。

地理分布： 我国分布于西藏、新疆等省（区）；阿尔金山阿塔提罕山口河岸砂地有分布。

生态价值： 为高山河滩偶见灌木，对于水土保持和生物多样性的维持有重要意义。

88. 匍匐水柏枝

Myricaria prostrata **Hook. f. et Thoms. ex Benth. et Hook.f.**

分类地位：柽柳科水柏枝属

英文名称：Creeping Falsetamarisk

形态特征：匍匐矮灌木，高 5 ～ 14 cm；老枝灰褐色或暗紫色，平滑，上年生枝纤细，红棕色，枝上常生不定根。叶在当年生枝上密集，长圆形、狭椭圆形或卵形，有狭膜质边。总状花序圆球形，侧生于上年生枝上，密集，常由 1 ～ 3 朵花组成；花梗极短；花淡紫色至粉红色；雄蕊花丝合生部分达 2/3 左右。蒴果圆锥形，长 8 ～ 10 mm。

生物学特征：生于高山河谷沙砾地、湖边沙地，砾石质山坡及冰川雪线下雪水融化后所形成的水沟边，海拔 4 000 ～ 5 200 m。花果期 6—8 月。

地理分布：我国分布于西藏、甘肃、新疆、青海；阿尔金山河谷砂地常见。

生态价值：为高山河谷砂地常见种，花色美丽，具有很高的地被景观价值。

89. 具鳞水柏枝
Myricaria squamosa Desv.

分类地位： 柽柳科水柏枝属

英文名称： Squamate Falsetamarisk

中文别名： 鳞皮水柏枝

形态特征： 直立灌木，高 1 ～ 5 m；茎直立，上部多分枝；老枝紫褐色、红褐色或灰褐色，光滑，有条纹；上年生枝黄褐色或红褐色；当年生枝淡黄绿色至红褐色。叶披针形、卵状披针形、长圆形或狭卵形，长 1.5 ～ 10 mm，宽 0.5 ～ 2 mm。总状花序侧生于老枝上，单生或数个花序簇生于枝腋，基部被多数覆瓦状排列的鳞片；花梗长 2 ～ 3 mm；花瓣长 4 ～ 5 mm，宽约 2 mm，紫红色或粉红色。蒴果狭圆锥形，长约 10 mm。

生物学特征： 生于山地河滩及湖边砂地，海拔 2 400 ～ 4 600 m。花果期 5—8 月。

地理分布： 我国分布于西藏、新疆、青海、甘肃、四川等省（区）；阿尔金山阿塔提罕山口河岸砂地有分布。

生态价值： 为高山河滩偶见灌木，对于水土保持和生物多样性的维持有重要意义。

90. 五柱红砂

Reaumuria kaschgarica Rupr.

分类地位：柽柳科琵琶柴属

英文名称：Kashgar Reaumuria

中文别名：新疆琵琶柴

形态特征：矮小半灌木，高达 20 cm，具多数曲拐的细枝，成垫状；老枝灰棕色，当年生枝淡红色至淡红棕色；花枝初由老枝生出，后期则自当年生新枝叶腋生出。叶略扁，由基部的鳞片状向上渐变长，成线形，肉质，长 4 ～ 10 mm，宽 0.6 ～ 1 mm。花单生小枝顶端，几无梗；萼片 5 枚，长 3 ～ 4 mm；花瓣 5 片，粉红色，比花萼长 1/3 ～ 1/2，内侧有两片长圆形的附属物。蒴果长圆状卵形，长 7 mm，宽 3 ～ 4 mm，5 瓣裂。

生物学特征：生于盐土荒漠、草原、石质和砾质山坡、阶地和杂色的砂岩上。花期 7—8 月。

地理分布：我国分布于西藏、新疆、青海、甘肃等省（区）；阿尔金山河岸砂地偶见。

生态价值：为高山盐碱荒漠偶见灌木，花色艳丽，具有很好的景观价值。

91. 红砂
Reaumuria soongarica (Pall.) Maxim.

分类地位：柽柳科琵琶柴属

英文名称：Red sand

中文别名：琵琶柴

形态特征：小灌木，仰卧，高可达 70 cm，多分枝。小枝常呈淡红色。叶肉质，短圆柱形，鳞片状，上部稍粗，长 1 ～ 5 mm，宽 0.5 ～ 1 mm。花单生叶腋，或在幼枝上端集为少花的总状花序状；花无梗；直径约 4 mm；花萼 5 裂；花瓣 5 片，白色略带淡红，长圆形，长约 4.5 mm，宽约 2.5 mm，下半部内侧具 2 附属物。蒴果长椭圆形或纺锤形，或作三棱锥形，长 4 ～ 6 mm，宽约 2 mm。

生物学特征：生于荒漠地区的山前冲积、洪积平原上和戈壁侵蚀面上，也生于低地边缘，基质多为粗砾质戈壁，也生于壤土上。土壤都有不同程度的盐渍化，富含石膏。花期 7—8 月，果期 8—9 月。

地理分布：我国分布于西藏、新疆、青海、甘肃等省（区）；阿尔金山河岸砂地偶见。

生态价值：为荒漠和草原区域的重要建群种，对于水土保持和生物多样性的维持具有重要作用。

92. 杉叶藻
Hippuris vulgaris L.

分类地位：杉叶藻科杉叶藻属

英文名称：Marestail

中文别名：当布噶日（藏名）

形态特征：多年生水生草本，全株光滑无毛。茎直立，常带紫红色，高可达 150 cm，上部不分枝，下部合轴分枝，生于泥中。叶条形或线状披针形，长 1.5 ～ 2.5 cm，宽 1 ～ 1.5 mm，常 8 ～ 10 片轮生，两型，无柄。花细小，两性，稀单性，无梗，单生叶腋；萼全缘，常带紫色；雄蕊 1 枚，生于子房上略偏一侧；花丝细，常短于花柱，花药红色；子房下位，椭圆形，花柱宿存。果为小坚果状，卵状椭圆形。

生物学特征：生长于海拔 40 ～ 5 000 m 的池沼、湖泊、溪流、江河两岸等浅水处。花果期 5—10 月。

地理分布：我国分布于东北、内蒙古、华北北部、西北、台湾、西南、西藏等省（区）；世界各地有分布；阿尔金山池沼可见。

生态价值：为湿地常见种，对于维持水生生物多样性具有重要价值。

93. 裂叶独活

Heracleum millefolium Diels

分类地位： 伞形科独活属

英文名称： Cleft Leaf Heracleum

中文别名： 多裂独活

形态特征： 多年生草本，高 5 ～ 30 cm，有柔毛。茎直立，分枝，下部叶有长柄；叶片轮廓为披针形，长 2.5 ～ 16 cm，宽达 2.5 cm，三至四回羽状分裂，末回裂片线形或披针形，长 0.5 ～ 1 cm，先端尖；茎生叶逐渐短缩。复伞形花序顶生和侧生，花序梗长 20 ～ 25 cm；总苞片 4 ～ 5 枚；伞辐 7 ～ 8，不等长；小总苞片线形，有毛；花白色；萼齿细小。果实椭圆形，背部极扁，长 5 ～ 6 mm，宽约 4 mm，有柔毛，背棱较细。

生物学特征： 生于海拔 3 800 ～ 5 000 m 的山坡草地。山顶或沙砾沟谷草甸。花期 6—8 月，果期 9—10 月。

地理分布： 我国分布于我国西藏、青海、新疆、甘肃、四川、云南；阿尔金山沙地可见。

生态价值： 为高山沙地常见种，对于维持生物多样性和固沙具有重要价值。

94. 鳞叶点地梅
Androsace squarrosula Maxim.

分类地位：报春花科点地梅属
英文名称：Scale Leaf Rockjasmine
中文别名：粗糙点地梅
形态特征：多年生小草本。地上部分由多数根出条组成疏丛。莲座状叶丛直径 3～4.5 mm；叶呈不明显的两型，外层叶卵形至阔卵圆形，长 2～3.5 mm，宽 1.5～2 mm，先端锐尖，向外反折；内层叶披针形，略小，先端灰白色。花葶通常藏于叶丛中；花单生；花萼钟状，长约 2.5 mm，分裂近达中部；花冠蓝紫色至白色，直径 6～7 mm，筒部略高出花萼。
生物学特征：生于河谷山坡。花期 5—6 月。
地理分布：我国分布于新疆西南部及昆仑山北坡；阿尔金山山坡常见。
生态价值：为高山荒漠常见种，对于水土保持和地被景观具有重要价值。

95. 高山点地梅
Androsace gmelinii (Gaertn.) Roem. et Schult.

分类地位： 报春花科点地梅属

英文名称： Alphine Rockjasmine

中文别名： 小点地梅

形态特征： 多年生小草本。叶基生，叶片近圆形或圆肾形，直径 4 ～ 7 mm，基部心形或深心形，边缘具 7 ～ 9 圆齿，两面疏被贴伏的柔毛；叶柄长 2 ～ 3 cm。花葶柔弱，高 3 ～ 9 cm，被开展的长柔毛；伞形花序 2 ～ 5 朵花；花梗长 3 ～ 15 mm；花萼钟状或阔钟状，长 2.5 ～ 3 mm，密被白色长柔毛和稀疏腺毛，分裂约达中部；花冠白色，与花萼近等长或稍伸出花萼。蒴果近球形。

生物学特征： 生于河岸湿地、山地沟谷和林缘草甸。花期 5—6 月。

地理分布： 我国分布于新疆、内蒙古呼伦贝尔盟、大青山、乌拉山等地；常见于阿尔金山湿地、林缘草甸。

生态价值： 为高山湿地、草甸常见种，对于水土保持和地被景观具有重要价值。

96. 垫状点地梅
Androsace tapete Maxim.

分类地位：报春花科点地梅属

英文名称：Cushion Rockjasmine

中文别名：王梅

形态特征：多年生垫状草本。根出短枝为鳞覆的枯叶覆盖，呈棒状。当年生莲座状叶丛叠生于老叶丛上。叶两型，外层叶卵状披针形或卵状三角形，长 2 ～ 3 mm，较肥厚；内层叶线形或狭倒披针形，长 2 ～ 3 mm。花葶近于无或极短；花单生，无梗或具极短的柄，包藏于叶丛中；花萼筒状，长 4 ～ 5 mm，具稍明显的 5 棱，分裂达全长的 1/3，裂片三角形，先端钝，上部边缘具绢毛；花冠粉红色，直径约 5 mm，裂片倒卵形，边缘微呈波状。

生物学特征：生于砾石山坡、河谷阶地和平缓的山顶，海拔 3 500 ～ 5 000 m。花期 6—7 月。

地理分布：我国分布于青藏高原及新疆；阿尔金山向阳山坡常见。

生态价值：为高寒荒漠常见种，对于水土保持和地被景观具有重要价值。

97. 海乳草
Glaux maritima L.

分类地位：报春花科海乳草属

英文名称：Seamilkwort

中文别名：西尚

形态特征：多年生草本，茎高 3 ～ 25 cm，直立或下部匍伏，节间短，通常有分枝。叶近于无柄，交互对生或有时互生，间距极短，近茎基部的 3 ～ 4 对鳞片状，膜质，上部叶肉质，线形、线状长圆形或近匙形，全缘。花单生于茎中上部叶腋；花梗长可达 1.5 mm；花萼钟形，白色或粉红色，花冠状，长约 4 mm，分裂达中部；雄蕊 5 枚，稍短于花萼；子房卵圆形，上半部密被小腺点，花柱与雄蕊等长或稍短。蒴果卵状球形，长 2.5 ～ 3 mm。

生物学特征：生于海边及内陆河漫滩盐碱地和沼泽草甸中，海拔 4 000 m。花期 6 月；果期 7—8 月。

地理分布：我国分布于北方大部分省（区）；阿尔金山盐碱地和沼泽草甸中常见。

生态价值：为盐碱地和沼泽草甸常见种，对于改善盐碱地环境和湿地景观均有重要价值。

98. 羽叶点地梅

Pomatosace filicula Maxim.

分类地位：报春花科羽叶点地梅属

英文名称：Common Pomatosace

中文别名：热衮巴

形态特征：株高 3 ～ 9 cm。叶多数，叶片轮廓线状矩圆形，长 1.5 ～ 9 cm，宽 6 ～ 15 mm，两面沿中肋被白色疏长柔毛，羽状深裂至近羽状全裂，裂片全缘或具 1 ～ 2 个牙齿；叶柄基部略呈鞘状。花葶通常多枚自叶丛中抽出；伞形花序 3 ～ 12 朵花；花梗长 1 ～ 12 mm，无毛；花萼分裂略超过全长的 1/3；花冠白色，冠筒长约 1.8 mm，冠檐直径约 2 mm，5 裂。蒴果近球形，直径约 4 mm。

生物学特征：生长于高山草甸和河滩砂地，海拔 3 000 ～ 4 500 m。花期 5 月，果期 6 月。

地理分布：我国分布于青海、四川和西藏；阿尔金山卡尔墩河滩砂地偶见。

生态价值：为河滩砂地偶见种，花色鲜丽，具有较好的景观价值。

99. 天山报春
Primula nutans Georgi

分类地位： 报春花科报春花属

英文名称： Siberian primrose

中文别名： 少花报春

形态特征： 多年生草本。叶丛基部通常无芽鳞及残存枯叶；叶片卵形、矩圆形或近圆形，长 0.5 ～ 3 cm，宽 0.4 ～ 1.5 cm，全缘或微具浅齿，两面无毛。花葶高 2 ～ 25 cm，无毛；伞形花序 2 ～ 10 朵花；花梗长 0.5 ～ 4.5 cm；花萼狭钟状，长 5 ～ 8 mm，具 5 棱，外面通常有褐色小腺点，分裂深达全长的 1/3；花冠淡紫红色，冠筒口周围黄色，冠筒长 6 ～ 10 mm，喉部具环状附属物，冠檐直径 1 ～ 2 cm，裂片倒卵形，先端 2 深裂。蒴果筒状，长 7 ～ 8 mm，顶端 5 浅裂。

生物学特征： 生长于湿草地和草甸中，海拔 3 800 ～ 4 500 m。花期 5—6 月，果期 7—8 月。

地理分布： 我国分布于内蒙古、甘肃、新疆、青海和四川北部；阿尔金山湿地草甸常见。

生态价值： 为高山湿地草甸常见种，花色鲜艳，具有很高的景观价值。

100. 束花粉报春
Primula fasciculata Balf. F. et Ward

分类地位：报春花科报春花属

英文名称：Fasciculate primrose

中文别名：束花报春

形态特征：多年生小草本。叶丛基部外围有膜质枯叶柄；叶片矩圆形、椭圆形或近圆形，长 4 ～ 15 mm，宽 2.5 ～ 7 mm，先端圆形，全缘，鲜时稍带肉质，两面无毛，无粉，中肋稍宽。花葶高达 2.5 mm，花 1 ～ 6 朵生于花葶端；花梗长 1.5 ～ 3 cm；花萼筒状，长 4 ～ 6.5 mm，具 5 棱，分裂深达全长的 1/3 ～ 1/2；花冠淡红色或鲜红色，冠筒口周围黄色，冠筒长 4.5 ～ 8 mm，冠檐直径 1 ～ 1.5 cm，裂片阔倒卵形，先端 2 深裂。蒴果筒状，长 5 ～ 10 mm。

生物学特征：生长于湿草地和草甸中，海拔 2 900 ～ 4 800 m。花期 6 月，果期 7—8 月。

地理分布：我国分布于甘肃、新疆、四川西部和西藏东部，新疆首次报道；阿尔金山湿地草甸偶见。

生态价值：为高山湿地草甸偶见种，花色鲜艳，具有很高的景观价值。

101. 黄花补血草

Limonium aureum (L.) Hill

分类地位：白花丹科补血草属

英文名称：Golden sealavendula

中文别名：金色补血草

形态特征：多年生草本，高 4 ～ 35 cm，全株（除萼外）无毛。茎基往往被有残存的叶柄和红褐色芽鳞。叶常基生，长圆状匙形至倒披针形，长 1.5 ～ 5 cm，宽 2 ～ 5 mm，先端圆或钝，下部渐狭成柄。花序圆锥状，花序轴数回叉状分枝；穗状花序位于上部分枝顶端，常由 3 ～ 5 小穗组成；小穗含 2 ～ 3 朵花；花萼漏斗状，萼筒沿脉和脉间密被长毛，萼檐干后有时变橙黄色；花冠橙黄色。

生物学特征：生于海拔 4 000 ～ 5 000 m 含盐的砾石滩、黄土坡和砂土地上。花期 6—8 月，果期 7—8 月。

地理分布：我国分布于东北北部、华北北部和西北各省（区）；阿尔金山各处常见。

生态价值：为高寒荒漠常见种，对保持水土和形成生态景观有重要作用。

102. 镰萼喉毛花

Comastoma falcatum (Turcz. ex Kar. et Kir.) Toyokuni

分类地位： 龙胆科喉毛花属

英文名称： Sikledcalyx Comastoma

中文别名： 镰萼喉花草

形态特征： 一年生草本，高 4 ～ 25 cm。茎从基部分枝，四棱形，常带紫色。叶大部分基生，叶片矩圆状匙形或矩圆形，长 5 ～ 15 mm，宽 3 ～ 6 mm，先端钝或圆形，基部渐狭成柄；茎生叶无柄，矩圆形，长 8 ～ 15 mm，先端钝。花 5 数，单生分枝顶端；花萼绿色或有时带蓝紫色；花冠蓝色，深蓝色或蓝紫色，有深色脉纹，高脚杯状，5 裂，裂片基部有流苏状副冠。蒴果狭椭圆形或披针形。

生物学特征： 生于河滩、山坡草地、林下、灌丛、高山草甸。花果期 7—9 月。

地理分布： 我国分布于西藏、四川西北部、青海、新疆、甘肃、内蒙古、山西、河北；阿尔金山湿地常见。

生态价值： 为高山湿地常见种，具有很高的观赏价值。

103. 矮假龙胆
Gentianella pygmaea (Regel et Schmalh.) H. Smith

分类地位：龙胆科假龙胆属

英文名称：Low Gentianella

形态特征：一年生草本，高 1 ～ 3 cm。茎自基部多分枝，铺散，基部节间短缩。基生叶和茎下部叶匙形或倒卵状矩圆形，连柄长 3 ～ 9 mm，宽 1 ～ 1.2 mm，基部渐狭成柄。花 4 数，单生分枝顶端；花萼绿色，稍短于花冠，深裂；花冠淡黄色，筒状，长 4.5 ～ 5 mm，裂达中部；雄蕊生于冠筒上部。蒴果披针形，长 5.5 ～ 6 mm。

生物学特征：生于海拔 3 650 ～ 5 300 m 地区的山坡砂石地、高山流石滩草地。花期 7—8 月。

地理分布：我国分布于西藏、四川北部、青海、新疆；阿尔金山湿地常见。

生态价值：为高山湿地常见种，具有很高的观赏价值。

104. 蓝白龙胆

Gentiana leucomelaena Maxim.

分类地位：龙胆科龙胆属

英文名称：Bluewhite Gentian

形态特征：一年生草本，高 1.5 ～ 5 cm。茎黄绿色，光滑，在基部多分枝。基生叶稍大，卵圆形或卵状椭圆形，长 5 ～ 8 mm，宽 2 ～ 3 mm；茎生叶小，叶柄光滑，连合成长 1.5 ～ 3 mm 的鞘。花数朵，单生于小枝顶端；花梗长 4 ～ 40 mm，花萼钟形，长 4 ～ 5 mm；花冠白色或淡蓝色，稀蓝色，外面具蓝灰色宽条纹，喉部具蓝色斑点，长 8 ～ 13 mm。

生物学特征：生于海拔 3 000 ～ 5 000 m 地区的沼泽草甸。花果期 5—10 月。

地理分布：我国分布于西藏、四川、青海、甘肃、新疆；阿尔金山湿地常见。

生态价值：为高山湿地常见种，具有很高的观赏价值。

105. 管花龙胆

***Gentiana siphonantha* Maxim. ex Kusnez.**

分类地位： 龙胆科龙胆属

英文名称： Tube-flower Gentian

中文别名： 管花秦艽

形态特征： 多年生草本，高 10 ～ 25 cm，全株光滑无毛。茎少数丛生，直立。莲座丛叶宽线形，长 4 ～ 14 cm，宽 0.7 ～ 2.5 cm，茎生叶与莲座丛叶相似而略小。花多数，无花梗，簇生枝顶及上部叶腋中呈头状；花萼长 4 ～ 6 mm，一侧开裂或不裂，先端截形，萼齿不整齐，长 1 ～ 3.5 mm；花冠深蓝色，筒状钟形。蒴果椭圆状披针形，长 14 ～ 17 mm。

生物学特征： 生于干草原、草甸、灌丛及河滩等地。花果期 7—9 月。

地理分布： 我国分布于四川西北部、青海、甘肃、新疆及宁夏西南部；阿尔金山湿地常见。

生态价值： 为高山湿地常见种，具有较高的观赏价值。

106. 假水生龙胆

***Gentiana pseudoquatica* Kusnez.**

分类地位：龙胆科龙胆属

英文名称：False Aquatic Gentian

中文别名：鳞叶龙胆

形态特征：一年生草本，高 3 ～ 5 cm。茎密被乳突，自基部多分枝，似丛生状，枝再作多次二歧分枝。叶两面光滑，中脉软骨质，在背面突起；基生叶大，在花期枯萎，宿存；茎生叶覆瓦状排列，倒卵形或匙形，长 3 ～ 5 mm，宽 2 ～ 3 mm。花多数，单生于小枝顶端；花萼筒状漏斗形，长 5 ～ 6 mm，裂片直伸；花冠深蓝色，外面常具黄绿色宽条纹，漏斗形，长 9 ～ 14 mm，裂片卵形，长 2 ～ 2.5 mm；蒴果外露，有长柄，2 裂。

生物学特征：生于海拔 1 100 ～ 4 650 m 地区的沼泽草甸。花果期 4—8 月。

地理分布：我国分布于西藏、四川、青海、甘肃、新疆和华北、西北部分省（区）；阿尔金山湿地常见。

生态价值：为高山湿地常见种，具有较高的观赏价值。

107. 唐古拉齿缘草

Eritrichium tangkulaense W. T. Wang

分类地位： 紫草科齿缘草属

英文名称： Tangkula Eritrichium

形态特征： 一年生或二年生草本，高 5 ～ 15 cm，茎数条丛生，常在基部分枝，全株被短伏毛。基生叶倒披针状匙形，长 1 ～ 2 cm，宽 2 ～ 8 mm，先端圆钝，基部渐狭成柄，两面被短伏毛，花后常枯萎；茎生叶卵状长圆形，无柄。蝎尾状聚伞花序有 5 ～ 10 朵花；花梗长 3 ～ 5 mm；花冠淡蓝色、淡紫色或黄色，钟状筒形，裂片近圆形，长 0.5 ～ 0.7 mm，附属物不明显。小坚果背腹压扁，棱缘具刺齿。

生物学特征： 生于海拔 3 500 ～ 4 900 m 山坡、路边、河滩沙砾地或石山岩缝中。花果期 7—9 月。

地理分布： 我国分布于甘肃、新疆、西藏；阿尔金山砂地偶见。

生态价值： 为高山砂地偶见种，具有一定的水土保持价值。

108. 颈果草

Metaeritrichium microuloides W. T. Wang

分类地位：紫草科微孔草属

英文名称：Tibet Microula

形态特征：一年生草本，茎从基部辐射状分枝，平铺地面，长 3 ～ 5 cm。叶匙形、阔椭圆形至倒卵状披针形，长 1 ～ 2 cm，宽 0.5 ～ 0.8 cm，下面疏生短硬毛；叶柄长 1 ～ 1.5 cm。蝎尾状聚伞花序，有 5 ～ 10 朵花，果后伸长可达 2 cm；花萼蓝绿色，5 深裂；花冠小，紫蓝色，花冠筒长约 1 mm，裂片长约 0.5 mm。小坚果背腹二面体型，棱缘具刺约 10 枚，刺披针状三角形，基部常连合成翅。

生物学特征：生于海拔 4 500 ～ 5 000 m 河滩沙地、草甸残碎裸地或山顶石堆上。花果期 7—8 月。

地理分布：我国分布于青海、西藏、新疆；阿尔金山河滩沙地常见。

生态价值：为高山河滩沙地常见种，具有一定的水土保持价值。

图中左侧为小花西藏微孔草

图中左侧为小花西藏微孔草

109. 西藏微孔草
Microula tibetica Benth.

分类地位： 紫草科微孔草属

英文名称： Tibet Microula

形态特征： 茎缩短，高约 1 cm，自基部分枝，枝端生花序。叶均平展并铺地面上，匙形，长 3 ～ 13 cm，宽 0.8 ～ 2.8 cm，顶端圆形或钝，基部渐狭成柄，上面稍密被短糙伏毛，并散生具基盘的短刚毛，下面有具基盘的白色短刚毛。花萼 5 深裂；花冠蓝色或白色，檐部直径 3.2 ～ 4 mm，裂片圆卵形，附属物低梯形。小坚果卵形或近菱形，有小瘤状突起，突起顶端有锚状刺毛。

生物学特征： 生于海拔 4 500 ～ 5 300 m 湖边沙滩上，山坡流砂中或高原草地。花果期 7—9 月。

地理分布： 我国分布于新疆、西藏；阿尔金山沙地常见。

生态价值： 为高山砂地常见种，具有一定的观赏价值。

110. 小花西藏微孔草

***Microula tibetica* Benth. var. *pratensis* (Maxim.) W. T. Wang**

分类地位：紫草科微孔草属

英文名称：Smallflower Tibet Microula

中文别名：小花微孔草

形态特征：与西藏微孔草（*Microula tibetica* Benth.）的区别：花较小，花冠檐部直径 1.2 ～ 1.8 mm；小坚果的背孔存在，位于果背面中央，椭圆形或圆形，长约 0.5 mm，着生面位于腹面中部。

生物学特征：生于海拔 3 500 ～ 5 300 m 河滩或草甸上。花果期 7—9 月。

地理分布：我国分布于新疆、青海、西藏；阿尔金山沙地常见。

生态价值：为高山砂地常见种，具有一定的观赏价值。

111. 白花枝子花

Dracocephalum heterophyllum Benth.

分类地位： 唇形科青兰属

英文名称： White gardenia

中文别名： 异叶青兰

形态特征： 多年生草本，茎具分枝，高 10 ～ 15 cm。茎下部叶具长柄，叶片宽卵形至长卵形，长 1.3 ～ 4 cm，宽 0.8 ～ 2.3 cm，先端钝或圆形，基部心形，边缘被短睫毛及浅圆齿；茎中部叶与基生叶同形；茎上部叶变小，锯齿常具刺尖而与苞片相似。轮伞花序生于茎上部叶腋，具 4 ～ 8 朵花。花萼长 15 ～ 17 mm，上唇 3 裂，下唇 2 裂，先端均具刺。花冠白色，长 2 ～ 3.5 cm，外面密被白色或淡黄色短柔毛，二唇近等长。

生物学特征： 生于荒漠地区的山前冲积、洪积平原上和戈壁侵蚀面上，也生于低地边缘，基质多为粗砾质戈壁，也生于壤土上。花期 7—8 月，果期 8—9 月。

地理分布： 我国分布于山西、内蒙古、宁夏、甘肃、四川、青海、西藏及新疆；阿尔金山荒漠和砂地常见。

生态价值： 为高山荒漠砂地常见种，花大而美丽，具有很高的景观价值。

112. 马尿泡
Przewalskia tangutica Maxim.

分类地位： 茄科马尿脬属

英文名称： Tangut Przewalskia

中文别名： 马尿脬、唐古特马尿泡

形态特征： 全体生腺毛。茎高 4 ～ 30 cm，常部分埋于地下。叶在茎顶端密集，卵形至长椭圆状倒卵形，连叶柄长 10 ～ 15 cm，宽 3 ～ 4 cm，顶端圆钝，基部渐狭，边缘全缘或微波状，有短缘毛。总花梗腋生，长 2 ～ 3 mm，有 1 ～ 3 朵花。花萼筒状钟形，长约 14 mm，径约 5 mm，外面密生短腺毛，萼齿圆钝；花冠檐部黄色，筒部紫色，筒状漏斗形，长约 25 mm，外面生短腺毛，檐部 5 浅裂，裂片卵形，长约 4 mm；雄蕊生于花冠喉部；花柱显著伸出于花冠，柱头膨大，紫色。

生物学特征： 多生于海拔 3 200 ～ 5 000 m 的高山沙砾地及干旱草原。花果期 6—7 月。

地理分布： 我国分布于甘肃、青海、新疆、四川、西藏；阿尔金山沙砾地常见。

生态价值： 为高沙砾地常见种，具有重要的药用价值。

113. 长果婆婆纳
Veronica ciliata Fisch.

分类地位：玄参科婆婆纳属

英文名称：Longfruit Speedwell

中文别名：青海婆婆纳

形态特征：植株高 10 ～ 30 cm。茎丛生，被灰白色细柔毛。叶对生，叶片卵形至卵状披针形，长 1.5 ～ 3.5 cm，宽 0.5 ～ 2 cm，全缘或有尖锯齿。总状花序 1 ～ 4 支，侧生于茎顶端叶腋，短而花密集；苞片宽条形，长于花梗；花萼裂片条状披针形，长 3 ～ 4 mm，果期稍伸长；花冠蓝色或蓝紫色，长3～6 mm。蒴果卵状锥形，狭长，顶端钝而微凹，长5～8 mm，宽 2 ～ 3.5 mm，几乎遍布长硬毛。

生物学特征：生于高山草地。花期 6—8 月。

地理分布：我国分布于西北各省（区）、四川西北部、西藏北部；阿尔金山河滩湿地常见。

生态价值：为高山湿地常见种，具有一定的观赏价值以及水土保持功能。

114. 短穗兔耳草
Lagotis brachystachya Maxim.

分类地位：玄参科兔儿伞属

英文名称：Shortspike Lagotis

中文别名：兔耳草

形态特征：多年生矮小草本，高 4 ～ 8 cm。匍匐茎带紫红色，长可达 30 cm 以上。叶全部基出，莲座状；叶柄长 1 ～ 5 cm，扁平；叶片宽条形至披针形，长 2 ～ 7 cm，边全缘。花葶数条，纤细，高度不超过叶；穗状花序卵圆形，长 1 ～ 1.5 cm，花密集；苞片卵状披针形，长 4 ～ 6 mm；花萼呈 2 裂片，与花冠筒等长或稍短；花冠白色或微带粉红或紫色，长 5 ～ 6 mm，花冠 2 唇形，上唇全缘，下唇 2 裂。

生物学特征：生于海拔 3 200 ～ 4 500 m 的高山草原、河滩、湖边砂质草地。花果期 5—8 月。

地理分布：我国分布于甘肃、青海、新疆、西藏及四川；阿尔金山河滩湿地常见。

生态价值：为高山湿地常见种，具有较高的观赏价值，全草可入药。

115. 阿拉善马先蒿
Pedicularis alashanica Maxim.

分类地位： 玄参科马先蒿属

英文名称： Alashan Woodbetony

中文别名： 黄甜蜜蜜

形态特征： 多年生草本，高可达 35 cm，干时易变黑色。茎常在基部分枝，中空，微有 4 棱。叶基出者早枯，茎下部者对生，上部者 3 ～ 4 枚轮生；叶片披针状长圆形至卵状长圆形，近无毛，长 2.5 ～ 3 cm，宽 1 ～ 1.5 cm，羽状全裂。花序穗状，下部花轮多间断；苞片叶状；花冠黄色，长 20 ～ 25 mm，花管约与萼等长，下唇与盔等长或稍长，浅裂，盔直立部分内缘约高 6 mm；雄蕊花丝着生于管的基部。

生物学特征： 生于海拔 3 200 ～ 4 500 m 的河谷多石砾与沙地向阳山坡及湖边平川地。花果期 6—8 月。

地理分布： 我国分布于甘肃、青海、新疆、内蒙古；阿尔金山砾石砂地偶见。

生态价值： 为高山砾石砂地偶见种，具有较高的观赏价值。

116. 碎米蕨叶马先蒿

Pedicularis cheilanthifolia Schrenk

分类地位：玄参科马先蒿属

英文名称：Lipfernleaf Woodbetony

中文别名：碎米蕨马先蒿

形态特征：植株高 5 ～ 30 cm。根茎很粗；茎单出或成丛。叶基出者宿存，有长柄，丛生，柄长达 3 ～ 4 cm，茎叶 4 枚轮生，中部一轮最大；叶片线状披针形，羽状全裂，长 0.75 ～ 4 cm，宽 2.5 ～ 8 mm，裂片 8 ～ 12 对，羽状浅裂，小裂片 2 ～ 3 对，有齿。花序近头状；苞片叶状，下部者与花等长；萼长圆状钟形，脉上有密毛；花冠自紫红色一直退至纯白色，花盛开时作镰状弓曲。蒴果披针状三角形，长达 16 mm，宽 5.5 mm，下部为宿萼所包。

生物学特征：生于河滩、水沟等水分充足之处；也见于阴坡桦木林、草坡中。花期 6—8 月，果期 7—9 月。

地理分布：我国分布于甘肃西部、青海、新疆，西藏北部；阿尔金山砾石砂地、河滩偶见。

生态价值：为砾石砂地、河滩偶见种，具有较高的观赏价值。

117. 欧氏马先蒿

Pedicularis oederi Vahl.

分类地位： 玄参科马先蒿属

英文名称： Oeder Woodbetony

形态特征： 多年生草本，植株高 5 ～ 15 cm。茎单出或成丛，常花葶状。叶多基生，叶片线状披针形，羽状全裂，长 1.5 ～ 7cm，裂片 10 ～ 20 对，裂片相互迭盖作鱼鳞状排列，边缘有小齿；茎生叶常 1 ～ 2 枚。花序顶生，长 5 ～ 10 cm，因生境变化较大；苞片叶状，下部者与花等长，被绵毛；萼狭圆筒形，有 5 条主脉；花冠多为 2 色，盔端紫黑色，其余黄白色，有时下唇及盔下部也有紫斑。蒴果卵状披针形，长达 18 mm，宽可达 7 mm，下部为宿萼所包。

生物学特征： 生于亚高山、高山草甸及林缘，海拔 1 400 ～ 3 500 m。花期 6—7 月，果期 7—8 月。

地理分布： 我国分布于新疆、西藏；阿尔金山高山草甸偶见。

生态价值： 为高山草甸偶见种，具有较高的观赏价值。

118. 青藏狗哇花

***Heteropappus boweri* (Hemsl.) Griers.**

拉丁异名： *Aster boweri* Hemsl.

分类地位： 菊科狗哇花属

英文名称： Bower's Heteropappus

形态特征： 二年或多年生草本。茎单生或 3 ～ 6 个簇生于根颈上，不分枝或有 1 ～ 2 个分枝，高 2.5 ～ 7 cm，纤细，被白色密硬毛。基部叶密集，条状匙形，长达 3 cm，宽约 0.4 cm；下部叶条形或条状匙形，宽 0.1 ～ 0.2 cm，基部抱茎；上部叶条形；全部叶质厚，两面密生白色长粗毛，有缘毛。头状花序单生于茎端或枝端，径 2.5 ～ 3 cm。总苞片 2 ～ 3 层。舌状花蓝紫色，舌片长 9 ～ 13 mm；管状花长 4.5 ～ 5 mm。瘦果长 2.8 ～ 3 mm，冠毛污白色或稍褐色。

生物学特征： 生于高山砾石山坡，海拔 4 000 ～ 5 000 m。花期 6—8 月，果期 7—9 月。

地理分布： 我国分布于青海、新疆、西藏等省（区）；阿尔金山砾石山坡常见。

生态价值： 为高山砾石山坡常见种，具有很高的观赏价值。

119. 若羌紫菀
Aster ruoqiangensis Y. Wei et Z. X. An

分类地位：菊科紫菀属

英文名称：Ruoqiang Aster

形态特征：多年生草本，有丛生的茎和莲座状叶丛。茎直立，高 5 ～ 10 cm。下部叶与基生叶同型，匙状，柄长 1 ～ 1.5 cm；中部叶长圆形，无柄；上部叶狭小；全部叶质厚，全缘，边缘有皱褶，两面被薄绵毛。头状花序在茎端单生，径 4 ～ 5 cm 或达 5 cm。总苞片 2 层。舌状花 35 ～ 45 朵；舌片紫色、蓝色，长 12 ～ 14 mm，宽 2 ～ 2.5 mm。管状花花冠黄色。冠毛 2 层，白色。瘦果长圆形，黄色，无毛。

生物学特征：生于高山草甸，海拔 4 450 ～ 4 850 m。花果期 7—9 月。

地理分布：特产于新疆若羌；阿尔金山高山草甸常见。

生态价值：为高山草甸常见种，具有很高的观赏价值。

120. 中亚紫菀木

Asterothamnus centrali-asiaticus Novopokr.

分类地位：菊科紫菀属

英文名称：Central Asian Asterothamnus

中文别名：高大中亚紫菀木

形态特征：多分枝半灌木，高 20～40 cm。茎多数，簇生，下部多分枝，上部有花序枝，基部木质，有被绒毛的腋芽。叶长圆状线形或近线形，长 10～15 mm，宽 1.5～2 mm，具 1 条明显的中脉，上下两面分别被灰绿色和灰白色蜷曲密绒毛。头状花序在枝端排成疏散的伞房花序，直径约 10 mm，总苞片 3～4 层，覆瓦状，外层较短，具 1 条中脉；边缘舌状花 7～10 朵，淡紫色；中央的两性花 11～12 朵，花冠管状，黄色，长约 5 mm；瘦果长圆形，冠毛白色，糙毛状。

生物学特征：生于草原或荒漠地区，海拔 1 800～3 950 m。花果期 7—9 月。

地理分布：我国分布于青海、甘肃、宁夏和内蒙古；蒙古南部也有；阿尔金山骆驼山附近荒漠有分布。

生态价值：为高山荒漠偶见种，具有一定的固沙作用。

121. 矮火绒草

Leontopodium nanum (Hook. f. et Thoms) Handl-Mazz.

分类地位：菊科火绒草属

英文名称：Dwarf Edelweiss

中文别名：打火草

形态特征：多年生草本，有顶生的莲座状叶丛。无花茎或花茎短至长达 18 cm，直立，不分枝，被白色棉状厚茸毛。基部叶在花期生存并为枯叶残片和鞘所围裹；茎部叶较莲座状叶稍长大，匙形或线状匙形，长 7 ～ 25 mm，宽 2 ～ 6 mm，两面被白色或上面被灰白色长柔毛状密茸毛。苞叶少数，与茎上部叶同形，不开展成星状苞叶群。头状花序径 6 ～ 13 mm，单生或 3 ～ 7 个。总苞被灰白色棉毛；总苞片 4 ～ 5 层，披针形。小花异形，但通常雌雄异株，花冠长 4 ～ 6 mm，冠毛亮白色。

生物学特征：生于高山砾石山坡，海拔 4 000 ～ 5 000 m。花期 5—6 月，果期 5—7 月。

地理分布：我国分布于甘肃、青海、新疆、西藏等省（区）；阿尔金山荒漠常见。

生态价值：为高山荒漠常见种，对于水土保持具有重要作用。

122. 弱小火绒草
Leontopodium pusilum (Beauv.) Hand.-Mazz.

分类地位： 菊科火绒草属

英文名称： Tiny Edelweiss

形态特征： 多年生矮小草本，高 2 ～ 7 cm。根状茎分支细，被有褐色枯叶鞘，有时有顶生的莲座状叶丛。花茎密被白色茸毛。叶匙形或线状匙形，下部总苞叶与莲座叶不早枯，长约 3 cm，宽 2 ～ 4 mm，中部叶略狭窄，两面被白色密茸毛，上面常因毛疏而呈绿色。苞叶多数密集而成苞叶群。头状花序径 5 ～ 6 mm，3 ～ 7 个密集。总苞被灰白色长茸毛；总苞片约 3 层。小花异形或雌雄异株。花冠长 2.5 ～ 3 mm，冠毛白色。

生物学特征： 生于高山雪线附近草甸和砾石地，海拔 3 000 ～ 4 100 m。花果期 7—8 月。

地理分布： 我国分布于青海、新疆、西藏等省（区）；阿尔金山高山草甸常见。

生态价值： 为高山草甸常见种，对于水土保持具有重要作用。

123. 单头亚菊
Ajania scharnhorstii (Rgl. et Schmach.) Tzvel

分类地位： 菊科亚菊属

英文名称： Scharnnorst's Ajania

中文别名： 新疆亚菊

形态特征： 小半灌木，高 4 ～ 10 cm。茎灰白色，被密厚的贴伏的短柔毛。叶小，全形半圆形、扇形或扁圆形，长 3 ～ 5 mm，宽 5 ～ 6 mm，二回掌状或近掌状分裂，一回侧裂片 3 ～ 7 出，二回为 2 ～ 3 出，全部全裂，两面被灰白色短柔毛。头状花序单生枝端。总苞，直径 7 ～ 10 mm。总苞片 4 层，花黄色，边缘雌花花冠长 2.5 mm，顶端 3 ～ 4 齿；两性花冠长 3.5 mm。瘦果长 2 mm。

生物学特征： 生于山坡石缝、石灰岩碎石山坡或山坡灌丛中，海拔 3 900 ～ 5 100 m。花果期 7—8 月。

地理分布： 我国分布于甘肃、新疆、青海和西藏；阿尔金山荒漠常见。

生态价值： 为高山荒漠常见种，对于保持水土具有重要作用，同时也具有一定的景观价值。

124. 矮亚菊

Ajania trilobata Poljak

分类地位： 菊科亚菊属

英文名称： Threelobed Ajania

形态特征： 小半灌木，高 5 ～ 15 cm。根木质，直径可达 1.5 cm。茎灰白色，被密厚的贴伏的短柔毛。叶小，全形近圆形、扇形，长 3 ～ 5 mm，宽 4 ～ 5 mm，二回掌状或近掌状分裂，一回侧裂片 3 ～ 6 出。全部叶有短柄，两面被灰白色短柔毛。头状花序 3 ～ 8 个；总苞钟状，直径 5 ～ 7 mm；总苞片 3 层，边缘棕色、干膜质。花黄色，边缘雌花花冠长 2 mm，顶端 3 齿。两性花冠长 2.2 ～ 3 mm。瘦果长 2 mm，无冠毛。

生物学特征： 生于河边石缝，海拔 3 000 ～ 4 200 m。花果期 7—8 月。

地理分布： 我国分布于新疆；阿尔金山荒漠常见。

生态价值： 为高山荒漠常见种，对于保持水土具有重要作用。

125. 大花蒿
Artemisia macrocephala Jacq. ex Bess.

分类地位： 菊科蒿属

英文名称： Largehead Wormwood

中文别名： 大头蒿

形态特征： 一年生草本。茎直立，单生，高达 50 cm；茎、枝疏被灰白色微柔毛。叶两面被灰白色短柔毛；下部与中部叶宽卵形或圆卵形，长 2 ～ 4 cm，宽 1 ～ 1.5 cm，二回羽状全裂，每侧有裂片 2 ～ 3 枚，中、下部侧裂片常再 3 ～ 5 全裂，小裂片狭线形，叶柄长 0.5 ～ 1.2 cm，基部有小型羽状分裂的假托叶。头状花序近球形，直径 5 ～ 10 mm，有短梗，下垂；总苞片 3 ～ 4 层；雌花 2 ～ 3 层。瘦果长卵圆形或倒卵状椭圆形，上端常有不对称的冠状附属物。

生物学特征： 生于盐碱地和荒漠，海拔 3 500 ～ 4 200 m。花果期 8—10 月。

地理分布： 我国分布于宁夏、甘肃、青海、新疆、西藏等省（区）；阿尔金山荒漠常见。

生态价值： 为高山荒漠常见种，对于保持水土具有重要作用。

126. 臭蒿

Artemisia hedinii Ostenf. et Pauls.

分类地位： 菊科蒿属

英文名称： Hedin's Wormwood

中文别名： 海定蒿

形态特征： 一年生草本；植株有浓烈臭味。茎单生，高达 1 m。叶绿色，背面微被腺毛状短柔毛；基生叶多数，密集成莲座状，二回栉齿状羽状分裂。头状花序半球形或近球形，直径 3～5 mm，在枝端排成密穗状花序，并在茎上组成密集、狭窄的圆锥花序；总苞片 3 层，内、外层近等长；花序托凸起，半球形；雌花 3～8 朵，花冠檐部具 2～3 裂齿；两性花 15～30 朵，花冠檐部紫红色，外面有腺点。瘦果长圆状倒卵形，纵纹稍明显。

生物学特征： 生于湖边草地、河滩、砾质坡地、田边、路旁、林缘等，局部地区可成为植物群落的优势种或主要的伴生种。花果期 7—10 月。

地理分布： 我国分布于内蒙古（西南部）、甘肃、青海、新疆（南部）、四川（西部）、云南（西部）、西藏等省（区）；阿尔金山荒漠常见。

生态价值： 为高山荒漠常见种，对于保持水土具有重要作用。

127. 银叶蒿
Artemisia austriaca Jacq.

分类地位： 菊科蒿属

英文名称： Austrian Wormwood

中文别名： 银蒿

形态特征： 多年生草本或近半灌木状。茎多数，组成密丛，直立，高 30 ～ 50 cm，基部稍木质化；茎、枝、叶两面及总苞片背面密被银白色稍带绢质的短柔毛。茎下部、中部及营养枝叶倒卵状椭圆形或椭圆形，基部有小型假托叶。头状花序半球形或近卵钟形，直径 4 ～ 7 mm，具短梗及小苞叶；总苞片 3 ～ 4 层；雌花 5 ～ 10 朵；两性花 20 ～ 40 朵，花冠管状，被白色短柔毛。瘦果长圆形或倒卵状长圆形，纵纹明显。

生物学特征： 多生于低海拔至 2 000 m 附近的干草原地区。花果期 8—10 月。

地理分布： 我国分布于内蒙古、宁夏、甘肃及新疆；阿尔金山草地常见。

生态价值： 为高山草地常见种，对于保持水土具有重要作用。

128. 冷蒿

Artemisia frigida Willd.

分类地位： 菊科蒿属

英文名称： Fringed Sagebrush

中文别名： 小白蒿

形态特征： 多年生草本，有时略呈半灌木状。茎直立，高10～30 cm，基部多少木质化；茎、枝、叶及总苞片背面密被淡灰黄色或灰白色、稍带绢质的短绒毛。茎下部叶与营养枝叶二至三回羽状全裂；中部叶一至二回羽状全裂，基部裂片半抱茎，并呈假托叶状，无柄。头状花序半球形、球形或卵球形，直径2～4 mm；总苞片3～4层；雌花8～13朵，花冠狭管状；两性花20～30朵，花冠管状。瘦果长圆形或椭圆状倒卵形。

生物学特征： 生于森林草原、草原、荒漠草原及干旱与半干旱地区的山坡、路旁、砾质旷地、固定沙丘、戈壁、高山草甸等地区。花果期7—10月。

地理分布： 我国分布于黑龙江、吉林、辽宁、内蒙古、河北、山西、陕西、宁夏、甘肃、青海、新疆、西藏等省（区）；阿尔金山荒漠、戈壁常见。

生态价值： 为高山荒漠常见种，对于水土保持具有重要作用。

129. 垫型蒿

Artemisia minor Jacq. ex Bess.

分类地位： 菊科蒿属

英文名称： TibetWormwood

中文别名： 小灰蒿

形态特征： 垫状型半灌木状草本。茎多数，丛生，高 10 ~ 15 cm，下部多少木质化；茎、枝、叶两面及总苞片背面密被灰白色或淡灰黄色平贴丝状绵毛。茎下部与中部叶近圆形、扇形或肾形，二回羽状全裂；上部叶小，羽状全裂或深裂或 3 全裂至不裂。头状花序半球形或近球形，直径 5 ~ 10 mm，有短梗或近无梗，在茎上排成穗状花序式的总状花序；总苞片 3 ~ 4 层；雌花 10 ~ 18 朵，花冠瓶状或狭圆锥状；两性花 50 ~ 80 朵，花冠管状，檐部紫色，瘦果倒卵形。

生物学特征： 生于河滩、盐碱地和荒漠，海拔 3 000 ~ 4 500 m。花果期 7—9 月。

地理分布： 我国分布于甘肃、青海、新疆、西藏等省（区）；阿尔金山荒漠常见。

生态价值： 为高山荒漠优势种，对于保持水土具有重要作用。

130. 藏白蒿

Artemisia younghusbandii J. R. Drumm. ex Pamp.

分类地位： 菊科蒿属

英文名称： Younghusband's Wormwood

中文别名： 小灰蒿

形态特征： 半灌木状草本。茎丛生，高 15 ～ 25 cm，下部木质化；茎、枝、叶两面被灰白色或淡灰黄色绒毛。茎下部与中部叶宽卵形、卵形或近肾形，一至二回羽状全裂；上部叶与苞片羽状全裂或3裂至不裂。头状花序半球形，直径3 ～ 4 mm，有短梗或近无梗，在侧枝上排成疏离的总状花序；总苞片背面有灰白色柔毛；雌花 4 ～ 8 朵；两性花 8 ～ 14 朵，花冠紫色。瘦果椭圆状卵形。

生物学特征： 生于河滩、砾石地和沙质草地，海拔 4 000 ～ 4 650 m。花果期 7—10 月。

地理分布： 我国分布于新疆、西藏等省（区）；阿尔金山沙质地常见。

生态价值： 为高山沙质地常见种，对于保持水土具有重要作用。

131. 青藏蒿

Artemisia duthreuil-de-rhinsii Krasch.

分类地位： 菊科蒿属

英文名称： Duthreuil-de-rhins’s Wormwood

形态特征： 半灌木状草本。茎丛生，高 10 ～ 20 cm，下部木质化，初有伸展的长柔毛，后稀少或无毛。基生叶与茎下部叶长圆形或近圆形，长 2 ～ 3 cm，宽 1.5 ～ 2 cm，二回羽状全裂；中部与上部叶羽状全裂。头状花序球形，直径 2 ～ 2.5 mm，在茎枝上排成狭的圆锥花序；外层总苞片初时有柔毛；雌花 6 ～ 9 朵；两性花 8 ～ 14 朵。瘦果宽卵形。

生物学特征： 生于山坡、草甸，海拔 3 700 ～ 4 600 m。花果期 7—10 月。

地理分布： 我国分布于青海、四川、新疆、西藏等省（区）；阿尔金山高山草地有分布。

生态价值： 为高山草地物种，对于保持水土具有重要作用。

132. 香叶蒿
Artemisia rutifolia Steph. ex Spreng.

分类地位： 菊科蒿属

英文名称： Ruta Leaf Wormwood

中文别名： 阿尔泰香叶蒿

形态特征： 半灌木状草本。茎丛生，高 25 ～ 80 cm，下部木质化，幼时被灰白色绒毛，后渐脱落。中部叶圆形或肾形，长 0.5 ～ 2 cm，宽 0.8 ～ 2.8 cm，二回羽状全裂或二回三出全裂。头状花序半球形或近球形，直径 3.5 ～ 5 mm，在茎枝上排成总状花序或近于圆锥花序；总苞片背面有白色绵毛；雌花 5 ～ 10 朵；两性花 12 ～ 25 朵。瘦果椭圆状倒卵形。

生物学特征： 生于荒漠灌丛，海拔 3 700 ～ 4 800 m。花果期 7—10 月。

地理分布： 我国分布于青海、内蒙古、新疆、西藏等省（区）；中亚地区也有分布；阿尔金山高山荒漠有分布。

生态价值： 为高山荒漠常见种，对于保持水土具有重要作用。

133. 高山绢蒿
Seriphidium rhodanthum (Ruper.) Poljak.

分类地位： 菊科绢蒿属

英文名称： High Mountain Seriphidium

形态特征： 多年生草本。茎高达 20 cm，具纵棱。叶小，两面密被灰白色绒毛；茎下部叶与营养枝叶近圆形或宽卵形，二（至三）回羽状全裂，小裂片狭线形；中部叶二回羽状全裂；上部叶羽状全裂；苞片叶不分裂。头状花序直径约 2 mm，排成密集的穗状花序或近于复头状花序；总苞片 4 ～ 5 层，外层总苞片短小；两性花 5 ～ 7 朵，花冠管状，檐部红色。瘦果小，卵形或倒卵形。

生物学特征： 生于海拔 3 700 ～ 4 200 m 地区的砾石山坡和荒漠。花果期 8—10 月。

地理分布： 我国分布于新疆；阿尔金山荒漠常见。

生态价值： 为高山荒漠优势种，对于水土保持具有重要作用。

134. 高原绢蒿

Seriphidium grenardii (Franch.) Y. R. Ling et C. J. Humphries

分类地位：菊科绢蒿属

英文名称：Grenard's Seriphidium

形态特征：半灌木状草本。茎多数，高 15 ～ 20 cm，下部木质，与营养枝常组成小丛；茎、枝及叶密被灰黄色短柔毛。下部与中部叶卵形或长圆形，一至二回羽状全裂，侧裂片 3 ～ 4 枚；茎上部叶与苞片叶羽状全裂、3 全裂至不分裂。头状花序卵球形或近球形，直径 2 ～ 3 mm，无梗，具小苞叶，在枝端集成短穗状花序，进一步形成圆锥花序；总苞片 4 ～ 5 层，外层小；两性花 4 ～ 6 朵，花冠管状，黄色。瘦果倒卵形。

生物学特征：生于高山荒漠，海拔 4 000 ～ 4 300 m。花果期 8—10 月。

地理分布：我国分布于新疆；阿尔金山荒漠常见。

生态价值：为高山荒漠常见种，对于水土保持具有重要作用。

135. 草甸雪兔子
Saussurea thoroldii Hemsl.

分类地位： 菊科风毛菊属

英文名称： Meadow Snowrabbiten

形态特征： 多年生垫状草本，无茎。叶莲座状，全部基生，狭披针形或线形，羽状半裂或全裂，长 1.5 ～ 9 cm，宽 2 ～ 10 mm，两面无毛，裂片顶端有次尖。头状花序多数，无梗，密集排列成半球形；总苞圆柱状，直径 3 ～ 4 mm；总苞片 3 层，无毛，露出部分常紫红色。小花蓝紫色，长 7 ～ 9 mm。瘦果圆柱状，长 3 mm，无毛。冠毛 2 层，褐色，外层短，糙毛状，内层长，羽毛状。

生物学特征： 生于高山河滩、河边草甸、盐碱湿地，海拔 3 650 ～ 4 700 m。花果期 7—9 月。

地理分布： 我国分布于青海、新疆、西藏；阿尔金山高山河滩、盐碱湿地常见。

生态价值： 高山河滩、盐碱湿地常见种，具有较好的水土保持功能。

136. 肉叶雪兔子
Saussurea thomsonii Clarke

分类地位：菊科风毛菊属

英文名称：Succulentleaf Snowrabbiten

形态特征：多年生草本，无茎。叶莲座状，全部基生，长圆形或椭圆形，全缘或有不明显齿，长 1.5 ～ 4.5 cm，宽约 1.5 cm，两面无毛，稍肉质，常紫红色。头状花序 1 ～ 5 个，有短梗，密集排列成半球形；总苞半球形或宽钟状，直径 6 ～ 10 mm；总苞片 3 层，常紫红色。小花蓝紫色，长 7 ～ 8 mm。瘦果圆柱状，长约 4 mm。冠毛 2 层，褐色，外层短，内层长。

生物学特征：生于高山河滩、砂地，海拔 4 000 ～ 5 200 m。花果期 7—8 月。

地理分布：我国分布于青海、新疆、西藏；阿尔金山高山河滩地常见。

生态价值：高山河滩地常见种，具有较好的水土保持功能。

137. 羌塘雪兔子
Saussurea wellbyi Hemsl.

分类地位：菊科风毛菊属

英文名称：Wellby Snowrabbiten

形态特征：多年生垫状草本，无茎。叶莲座状，全部基生，线状披针形，长 2 ～ 5 cm，宽达 0.8 mm，全缘，两面绿色，下面密被白色绵毛，有主脉 2 ～ 4 条。头状花序多数，无梗，密集排列成半球形；总苞圆柱状，直径 4 ～ 5 mm；总苞片 3 层，背面被稀疏白色长绵毛，露出部分紫红色。小花紫红色，长 6 ～ 8 mm。瘦果圆柱状，长 3.5 ～ 5 mm。冠毛 2 层，褐色，外层糙毛状，内层羽毛状。

生物学特征：生于高山流石滩、高山草甸砾石质山坡，海拔 4 500 ～ 5 000 m。花果期 7—9 月。

地理分布：我国分布于四川、青海、新疆、西藏；阿尔金山高山流石滩常见。

生态价值：为高山流石滩常见种，具有较好的水土保持功能。

138. 鼠麴雪兔子
Saussurea gnaphalodes (Royle) Sch.-Bip.

分类地位： 菊科风毛菊属

英文名称： Cudweed-like Snowrabbiten

形态特征： 多年生草本，高 1.5 ~ 6 cm，常丛生。茎直立，被白色绵毛。叶灰白色或灰绿色，两面密被白色绒毛，基生叶和茎下部叶倒披针形或匙形，长 2 ~ 6 cm，宽 3 ~ 10 mm，具疏齿或全缘，上部叶无柄。头状花序多数，于茎端密集排列成半球形；总苞圆柱状，直径 5 ~ 7 mm；总苞片 3 层。小花紫红色，长 8 ~ 10 mm。瘦果圆柱状，长约 4.5 mm。冠毛 2 层，褐色或黑色，外层糙毛状，内层羽毛状。

生物学特征： 生于高山流石滩、高山石隙、河滩沙砾地，海拔 4 000 ~ 5 000 m。花果期 7—9 月。

地理分布： 我国分布于四川、青海、新疆、西藏；阿尔金山高山流石滩常见。

生态价值： 为高山流石滩常见种，具有较好的水土保持功能。

139. 黑毛雪兔子

Saussurea hypsipeta Diels

分类地位： 菊科风毛菊属

英文名称： Blackhair Snowrabbiten

形态特征： 多年生草本，高 3 ～ 8 cm，常丛生。茎直立，被淡褐色和白色绵毛。叶灰白色或灰绿色，两面常密被白色或淡黄色绒毛，基生叶和茎下部叶倒披针形或匙形，长 2 ～ 6 cm，宽 2 ～ 10 mm，具深波状齿或羽状浅裂，上部叶无柄。头状花序多数，于茎端密集排列成半球形；总苞圆柱状，直径 5 ～ 7 mm；总苞片 3 层。小花白色或淡紫红色，长 8 ～ 10 mm。瘦果圆柱状。冠毛 2 层，黑色，外层糙毛状，常反折。

生物学特征： 生于高山流石滩，海拔 4 000 ～ 5 000 m。花果期 7—9 月。

地理分布： 我国分布于四川、青海、新疆、西藏；阿尔金山高山流石滩常见。

生态价值： 为高山流石滩常见种，具有较好的水土保持功能。

140. 针叶风毛菊

Saussurea subulata C. B. Clarke

分类地位： 菊科风毛菊属

英文名称： Awl-leaf Windhairdaisy

中文别名： 钻叶风毛菊

形态特征： 多年生垫状草本，高 1.5 ～ 10 cm。叶钻状线形，长 0.8 ～ 1.2 cm，宽 1 mm，革质，两面无毛，边缘全缘，顶端有白色软骨质小尖头。头状花序多数，生花茎分枝顶端，总苞钟状，直径 5 ～ 7 mm；总苞片 4 层。花紫红色，长 1.2 cm。瘦果圆柱状，长 1.5 ～ 3.5 mm，无毛。冠毛 2 层，外层短，白色，糙毛状，内层长，褐色，羽毛状。

生物学特征： 生于河谷砾石地、山坡草地及草甸、河谷湿地、盐碱湿地及湖边湿地。花果期 7—8 月。

地理分布： 我国分布于青海、新疆、西藏；阿尔金山山坡草地、河谷砾石地常见。

生态价值： 山坡草地、河谷砾石地常见种，具有较强的水土保持功能。

141. 吉隆风毛菊
Saussurea andryaloides (DC.) Sch.-Bip.

分类地位： 菊科风毛菊属

英文名称： Jilong Windhairdaisy

中文别名： 藏西风毛菊

形态特征： 多年生草本，高 2 ～ 5 cm。茎极短或无茎，密被白色绒毛。叶近莲座状，长圆形或倒披针形，近全缘、羽状浅裂至全裂，长 2 ～ 6 cm，宽 0.3 ～ 1 cm，顶端具黑色短尖，基部渐狭成柄。头状花序单生于莲座状叶丛中。总苞宽钟状或宽卵形，直径 1 ～ 1.6 cm；总苞片 3 ～ 4 层。小花紫红色。瘦果圆柱状，长达 3 mm，无毛。冠毛污白色或淡褐色，2 层，外层短，糙毛状，内层羽毛状。

生物学特征： 生于高山砾石山坡或河滩沙地，海拔 4 260 ～ 5 000 m。花果期 7—9 月。

地理分布： 我国分布于西藏、新疆；阿尔金山沙地常见。

生态价值： 荒滩沙地常见种，具有较强的水土保持功能。

142. 若羌风毛菊
Saussurea ruoqiangensis K. M. Shen

分类地位：菊科风毛菊属

英文名称：Ruoqiang Windhairdaisy

形态特征：多年生草本，丛生，高 8 ～ 20 cm。茎直立或斜生，多少被白色长柔毛。叶披针形至线状披针形，全缘或具不明显齿，边缘常下卷，基部渐狭成鞘状柄，基生叶和茎下部叶长达 11 cm，宽 0.2 ～ 1 cm；茎上部叶渐小，无柄。头状花序少数或多数，常在茎端排成伞房状。总苞圆柱状或钟状，直径 0.4 ～ 0.8 cm；总苞片 3 ～ 4 层。小花淡红色。瘦果圆柱状，长 3 ～ 5 mm，有腺点。冠毛 2 层，外层短，糙毛状，内层羽毛状。

生物学特征：生于高山砾石山坡或高山石缝，海拔 3 200 ～ 4 250 m。花果期 7—8 月。

地理分布：为新疆若羌特有种。

生态价值：高山砾石山坡或高山石缝物种，具有较强的水土保持功能。

143. 粉绿蒲公英

Taraxacum dealbatum Hand.-Mazz.

分类地位：菊科蒲公英属

英文名称：Darkgreen Dandelion

中文别名：变白蒲公英

形态特征：多年生草本。叶倒披针形或倒披针状线形，长 5 ～ 15 cm，宽 5 ～ 20 mm，羽状深裂，顶裂片线状戟形，每侧裂片 4 ～ 9 片，长三角形或线形，平展或倒向，叶柄常显紫红色。花葶 1 ～ 7 个，高 10 ～ 20 cm，果时伸长，长于叶，常带粉红色；头状花序直径 15 ～ 20 mm；总苞钟状，长 10 ～ 15 mm；外层总苞片淡绿色，边缘白色膜质；内层长为外层的 2 倍；舌状花淡黄色或白色，舌片长 9 ～ 10 mm，宽 1 ～ 1.5 mm，边缘花舌片背面有紫色条纹。冠毛白色，长 6 ～ 7 mm。

生物学特征：生于海拔 4 200 m 地区的河滩草甸。花果期 6—8 月。

地理分布：我国分布于新疆；阿尔金山河滩草甸常见。

生态价值：为高山草甸常见种，具有观赏和药用价值。

144. 白花蒲公英

Taraxacum leucanthum (Ledeb.) Ledeb.

分类地位：菊科蒲公英属

英文名称：Whiteflower Dandelion

中文别名：戟片蒲公英

形态特征：多年生矮小草本。叶基生，线状披针形，近全缘至具浅裂，少有为半裂，具很小的小齿，长 3 ～ 5 cm，宽 2 ～ 5 mm。花葶 1 至数个，长 2 ～ 6 cm；头状花序直径 25 ～ 30 mm；总苞长 9 ～ 13 mm，总苞片干后变淡墨绿色或墨绿色，先端具小角或增厚；外层总苞片卵状披针形；舌状花通常白色，稀淡黄色。瘦果倒卵状长圆形，黄色至淡褐色或灰褐色，长 4 mm。

生物学特征：生于山坡湿润草地、沟谷、河滩草地以及沼泽草甸处。花果期 6—8 月。

地理分布：我国分布于甘肃西部、青海、新疆、西藏等省（区）；阿尔金山河滩草甸常见。

生态价值：为高山草甸常见种，具有观赏和药用价值。

145. 多裂蒲公英

Taraxacum dissectum (Ledeb.) Ledeb.

分类地位： 菊科蒲公英属

英文名称： Dissected Dandelion

中文别名： 裂叶蒲公英

形态特征： 多年生草本。叶线形，稀少披针形，长 2 ～ 5 cm，宽 3 ～ 10 mm，羽状全裂，顶端裂片长三角状戟形，全缘，先端钝或急尖，叶基有时显紫红色。花葶高 4 ～ 7 cm；头状花序直径 10 ～ 25 mm；总苞钟状，长 8 ～ 11 mm，总苞片绿色，先端常显紫红色，无角；舌状花黄色或亮黄色，舌片长 7 ～ 8 mm，宽 1 ～ 1.5 mm，边缘花舌片背面有紫色条纹。瘦果淡灰褐色，长约 4.5 mm，中部以上具大量小刺，以下具小瘤状突起。

生物学特征： 生于海拔约 3 600 m 的高山湿草甸。花果期 6—9 月。

地理分布： 我国分布于新疆；阿尔金山河滩草甸常见。

生态价值： 为高山草甸常见种，具有一定的观赏价值和药用价值。

146. 阿尔金山蒲公英

Taraxacum altune D. T. Zhai et Z. X. An

分类地位： 菊科蒲公英属

英文名称： Altun Dandelion

形态特征： 多年生草本。叶长卵状倒披针形或倒披针形，长 3 ～ 4.5 cm，宽 0.4 ～ 10 mm，边缘具波状齿或羽状浅裂。花葶数个，高 2 ～ 5 cm；头状花序生 15 ～ 16 朵舌状花；总苞钟状，长 10 ～ 15 mm，总苞片绿色，无角；舌状花淡黄色，舌片长 18 ～ 20 mm，宽 2 ～ 3 mm，舌片背面不具暗色条纹。

生物学特征： 生于高山荒漠洼地、河谷草甸，海拔 3 500 ～ 4 000 m。花果期 7—9 月。

地理分布： 我国分布于新疆；阿尔金山河滩草甸常见。

生态价值： 为高山草偶见种，具有一定的观赏价值和药用价值。

147. 草甸还阳参
Crepis pratensis Shih

分类地位： 菊科还阳参属

英文名称： Meadow Hawksbeard

形态特征： 多年生草本，高 15 ～ 50 cm。茎单生，上部分枝，伞房花序分枝，全部茎枝及叶光滑无毛。基生叶及茎下部叶长椭圆状线形，长 3 ～ 11 cm，宽 0.7 ～ 1.5 cm，边缘有细小尖齿或全缘。头状花序在茎枝顶端排成圆锥花序或圆锥状伞房花序。舌状小花黄色。总苞长 1.1 cm；总苞片 4 层，外面光滑无毛。瘦果纺锤形，有 10 条纵肋。冠毛白色。

生物学特征： 生于湖边沼泽地，海拔 2 790 ～ 3 700 m。花果期 6—7 月。

地理分布： 我国分布于青海，新疆首次报道；阿尔金山中心站有分布。

生态价值： 为高山砾石地常见种，对于水土保持具有重要作用。

148. 矮小还阳参
Crepis nana Richards.

分类地位： 菊科还阳参属

英文名称： Dwarf Hawksbeard

形态特征： 多年生草本，高 2 ～ 4 cm。茎多数，自基部分枝，全部茎枝及叶光滑无毛。基生叶及中下部茎叶卵形或圆形，长 1 ～ 4 cm；上部茎叶与基生叶同形。头状花序少数，呈伞房花序状排列，花序梗弯曲。总苞长 9.5 mm；总苞片 4 层，外面无毛。舌状小花黄色。瘦果纺锤状，长 5 mm，有 10 条纵肋。冠毛白色。

生物学特征： 生于河滩砾石地及山脚碎石地，海拔 4 650 m。花果期 6—9 月。

地理分布： 我国分布于新疆、西藏；阿尔金山至若羌沿途有分布。

生态价值： 为高山砾石地常见种，对于水土保持具有重要作用。

149. 乳苣
Mulgeium tataricum (L.) DC.

分类地位： 菊科乳苣属

英文名称： Common Mulgeium

中文别名： 蒙山莴苣

形态特征： 多年生草本，高 15 ～ 60 cm。茎直立，有细条棱或条纹，上部有圆锥状花序分枝，全部茎枝叶光滑无毛。中下部茎叶长椭圆形或线状长椭圆形或线形，基部渐狭成短柄，长 6 ～ 19 cm，宽 2 ～ 6 cm，侧裂片 2 ～ 5 对，中部较大。头状花序约含 20 朵小花，多数在茎枝顶端狭或宽圆锥花序。总苞长 2 cm，宽约 0.8 mm；总苞片 4 层。舌状花紫色或紫蓝色。瘦果长圆状披针形，稍压扁，长 5 mm。冠毛 2 层，白色，长 1 cm。

生物学特征： 生于高山砾石山坡和河滩草甸，海拔 4 000 ～ 4 300 m。花果期 6—9 月。

地理分布： 我国分布于东北、西北和华北部分省（区）；阿尔金山河滩草甸和荒漠常见。

生态价值： 为高山草甸和荒漠常见种，对于水土保持具有重要作用。

150. 蓖齿眼子菜
Potamogeton pectinata L.

分类地位： 眼子菜科眼子菜属

英文名称： Labyrinth Pondweed

中文别名： 龙须眼子菜

形态特征： 沉水草本。茎长 50 ～ 200 cm，直径 0.5 ～ 1 mm。叶线形，长 2 ～ 10 cm，宽 0.5 ～ 1 mm，先端渐尖或急尖，基部与托叶贴生成鞘；鞘长 1 ～ 4 cm，绿色；叶脉 3 条，平行，中脉显著，边缘脉细弱而不明显。穗状花序顶生，具花 4 ～ 7 轮，间断排列；花序梗细长，与茎近等粗；花被片 4 枚；雌蕊 4 枚，通常仅 1 ～ 2 枚可发育为成熟果实。

生物学特征： 生于湿地、河滩。花果期 5—10 月。

地理分布： 我国大部分地区均有分布；阿尔金山沙子泉附近湿地可见。

生态价值： 对于维持湿地生物多样性具有重要作用。

151. 鞘叶眼子菜
Potamogeton vaginatus Turcz.

分类地位：眼子菜科眼子菜属

英文名称：Sheathing Leaf Pondweed

形态特征：沉水草本。茎细长，多分枝。叶线形，扁平，长 5 ～ 8 cm，宽约 1 mm，全缘，先端钝，具 3 脉，托叶鞘敞开，长 2 ～ 3 mm，宽大抱茎，通常包着 4 个分枝。穗状花序顶端腋生，花序梗长 3 ～ 6 cm，花序长 1 ～ 5 cm，具花 6 ～ 8 轮，间断排列；花被片 4 枚；雌蕊 4 枚；小坚果长 2 ～ 3 mm。

生物学特征：生于沼泽、湖泊、溪边，海拔 1 680 ～ 4 200 m。花果期 6—8 月。

地理分布：我国分布于新疆；阿尔金山沙子泉附近湿地可见。

生态价值：对于维持湿地生物多样性具有重要作用。

152. 海韭菜
Triglochin maritimum L.

分类地位：水麦冬科水麦冬属

英文名称：Short Podgrass

中文别名：圆果水麦冬

形态特征：多年生草本。叶全部基生，条形，长 7 ～ 30 cm，宽 1 ～ 2 mm，基部具鞘，鞘缘膜质，顶端与叶舌相连。花葶直立，较粗壮，圆柱形，光滑，中上部着生多数排列较紧密的花，呈顶生总状花序，无苞片，花梗长约 1 mm，开花后长可达 2 ～ 4 mm。花两性；花被片 6 枚，绿色，2 轮排列，外轮呈宽卵形，内轮较狭；雄蕊 6 枚，分离，无花丝；雌蕊淡绿色，由 6 枚合生心皮组成。

生物学特征：生于海拔 3 900 ～ 4 200 m 的湿砂地或海边盐滩上。花果期 6—10 月。

地理分布：我国分布于东北、华北、西北、西南各省（区）；阿尔金山河滩湿地常见。

生态价值：为高山湿地常见种，对于湿地生物多样性的维持具有重要意义。

153. 水麦冬
Triglochin palstre **L.**

分类地位： 水麦冬科水麦冬属

英文名称： Arrow Podgrass

形态特征： 多年生湿生草本，植株弱小。叶全部基生，条形，长达 20 cm，宽约 1 mm，先端钝，基部具鞘，两侧鞘缘膜质，残存叶鞘纤维状。花葶细长，直立，圆柱形，无毛；总状花序，花排列较疏散，无苞片；花梗长约 2 mm；花被片 6 枚，绿紫色，椭圆形或舟形，长 2 ～ 2.5 mm；雄蕊 6 枚；雌蕊由 3 枚合生心皮组成。蒴果棒状条形，长约 6 mm，直径约 1.5 mm，成熟时自下至上呈 3 瓣开裂。

生物学特征： 生于海拔 3 900 ～ 4 200 m 的咸湿地或浅水处。花果期 6—10 月。

地理分布： 我国分布于东北、华北、西北、西南各省（区）；阿尔金山河滩湿地常见。

生态价值： 为高山湿地常见种，对于湿地生物多样性的维持具有重要意义。

154. 芦苇

Phragmites australis (Cav.) Trin. ex Steud.

分类地位：禾本科芦苇属

英文名称：Common Reed

中文别名：苇葭

形态特征：多年生草本，根状茎十分发达。秆直立，高 1 ～ 3 m；叶片披针状线形，长 30 cm，宽 2 cm，无毛。圆锥花序大型，长 20 ～ 40 cm；小穗柄长 2 ～ 4 mm，无毛；小穗长约 12 mm，含 4 朵花；颖具 3 条脉，第一颖长 4 mm；第二颖长约 7 mm；第一不孕外稃雄性，长约 12 mm，第二外稃长 11 mm，具 3 条脉；内稃长约 3 mm，两脊粗糙；雄蕊 3 枚；颖果长约 1.5 mm。

生物学特征：生于江河湖泽、池塘沟渠沿岸和低湿地。为全球广泛分布的多型种。除森林生境不生长外，各种有水源的空旷地带，常以其迅速扩展的繁殖能力形成连片的芦苇群落。

地理分布：我国分布于各地；阿尔金山河滩湿地常见。

生态价值：为高山湿地建群种，对于湿地生物多样性的维持具有重要意义。

155. 新疆银穗草
Leucopoa olgae (Regel.) Krecz. et Bobr.

分类地位：禾本科银穗草属

英文名称：Xishan Silverspikegrass

中文别名：西山银穗草

形态特征：多年生草本，形成密丛。秆高 20 ～ 60 cm，光滑无毛。叶鞘光滑，叶舌流苏状；叶片扁平或内卷，宽 3 ～ 4 m，边缘粗糙。圆锥花序紧缩，长 3 ～ 10 cm；具小穗 10 ～ 20 枚；小穗倒卵形，长 8 ～ 10 mm，含 3 ～ 6 朵花，灰白色、红色或淡紫色；颖膜质，第一颖 1 条脉，长 3 ～ 4 mm；第二颖 3 条脉，长 4 ～ 5 mm；外稃长 5 ～ 8 mm，具 5 脉；颖果长约 4 mm。

生物学特征：生于高山草原地带，海拔 2 000 ～ 4 200 m。花果期 6—8 月。

地理分布：我国分布于新疆；阿尔金山草地有分布。

生态价值：对于高山草地生物多样性的维持具有重要意义。

156. 高山早熟禾
Poa alpina L.

分类地位： 禾本科早熟禾属

英文名称： Alpine bluegrass

形态特征： 多年生，密丛型草本。秆直立或斜升，高 10 ～ 30 cm，常具 2 节。叶鞘平滑无毛；叶舌膜质，长 3 ～ 5 mm，多撕裂；叶片长 3 ～ 10 cm，宽 2 ～ 5 mm，两面平滑无毛。圆锥花序卵形至长圆形，长 3 ～ 7 cm，宽 2 ～ 3 cm，带紫色；小穗卵形，含 4 ～ 7 朵小花，长 4 ～ 8 mm；颖卵形，第一颖长 2.5 ～ 3 mm，第二颖长 3.4 ～ 4.5 mm；外稃宽卵形，质薄，基盘不具绵毛；内稃等长或稍长于其外稃，顶端凹陷，脊上部具微小锯齿而糙涩，下部具纤毛；花药长 1.5 ～ 2 mm。

生物学特征： 生于高山坡地草甸、沟旁石缝、沙地，海拔 2 400 ～ 3 800 m。花果期 7—9 月。

地理分布： 我国分布于新疆；阿尔金山干旱草原常见。

生态价值： 为高山草原常见种，对于防止沙漠化具有重要作用。

157. 阿尔金山早熟禾
Poa arjinsanensis D. F. Cui

分类地位： 禾本科早熟禾属

中文别名： 贫叶早熟禾

形态特征： 多年生草本。秆高 20 ～ 30 cm，基部为多数膜质叶鞘所包围。叶鞘平滑无毛；叶舌长约 1.5 mm；叶片扁平或对折，先端渐尖，上面粗糙。圆锥花序疏松，长 5 ～ 8 cm，每节具 1 ～ 3 分枝；分枝长而粗糙；小穗卵状披针形，带紫色，长 6 ～ 8 mm，含 3 ～ 5 朵小花；颖卵状披针形，先端尖，边缘膜质，脊上部 1/3 具短刺状粗糙，第一颖长 3.5 ～ 4 mm，具 3 条脉，第二颖长 4 ～ 4.5 mm，具 3 ～ 5 条脉；外稃先端与边缘膜质，脊与边脉下部具柔毛，基盘具少量绵毛，第一外稃长 3.5 ～ 4 mm；内稃短于其外稃，两脊具短纤毛；花药长 1.5 ～ 2 mm。

生物学特征： 生于山坡草地。花果期 6—8 月。

地理分布： 我国分布于新疆；阿尔金山干旱草原常见。

生态价值： 为高山草原常见种，对于防止沙漠化具有重要作用。

158. 昆仑早熟禾

Poa litwinowiana Ovcz.

分类地位：禾本科早熟禾属

英文名称：Kunlun bluegrass

形态特征：多年生草本，密丛生。秆直立或倾斜，高 5 ~ 20 cm。叶鞘短于其节间；叶舌长 1 ~ 2 mm；叶片扁平或对折，宽 1.5 ~ 3 mm。圆锥花序狭窄，长 2 ~ 6 cm，每节 2 ~ 6 分枝；小穗绿紫色至紫褐色，长 4 ~ 6 mm，含 2 ~ 3 朵小花；颖披针形，具 3 条脉；外稃先端及边缘膜质；内稃稍短于外稃；花药长约 1.5 mm。

生物学特征：生于高山草甸及河谷草甸，海拔 3 100 ~ 4 500 m。花果期 6—8 月。

地理分布：我国分布于青海、西藏和新疆；阿尔金山草甸常见。

生态价值：为高山草甸常见种，对于防止水土流失具有重要作用。

159. 草地早熟禾
Poa pratensis L.

分类地位： 禾本科早熟禾属

英文名称： Kentucky Bluegrass

中文别名： 旱地早熟禾

形态特征： 多年生，具发达的匍匐根状茎。秆疏丛生，直立，高 50 ～ 90 cm。叶鞘长于其节间；叶舌长 1 ～ 2 mm；叶片线形，扁平或内卷，长 30 cm 左右，宽 3 ～ 5 mm。圆锥花序金字塔形或卵圆形，长 10 ～ 20 cm，宽 3 ～ 5 cm；小穗卵圆形，含 3 ～ 4 朵小花，长 4 ～ 6 mm；颖卵圆状披针形，第一颖长 2.5 ～ 3 mm，具 1 条脉，第二颖长 3 ～ 4 mm，具 3 条脉；外稃膜质；第一外稃长 3 ～ 3.5 mm；内稃较短于外稃，脊粗糙至具小纤毛；花药长 1.5 ～ 2 mm。

生物学特征： 生于湿润草甸、沙地、草坡，从低海拔到高海拔 500 ～ 4 000 m 山地均有分布。广泛分布于欧亚大陆温带和北美，为重要牧草和草坪水土保持资源，世界各地普遍引种栽植。花期 5—6 月，果期 7—9 月。

地理分布: 我国分布于黑龙江、吉林、辽宁、内蒙古、河北、山西、河南、山东、陕西、甘肃、青海、新疆、西藏、四川、云南、贵州、湖北、安徽、江苏、江西；阿尔金山草原常见。

生态价值： 为高山草原常见种，对于防止沙漠化及水土流失具有重要作用。

160. 雪地早熟禾

Poa rangkulensis Ovci.et Ciuk.

分类地位：禾本科早熟禾属

英文名称：Snowfield bluegrass

形态特征：多年生草本，密丛型。秆高 5 ~ 20 cm，径约 1 mm，灰绿色。叶鞘短，粗糙；叶舌先端尖，长 1 ~ 3 mm。叶片扁平或对折，宽 1 ~ 2 mm，上面和边缘微粗糙。圆锥花序紧密，呈穗状，长 2 ~ 3 cm，分枝短，粗糙；小穗卵形，含 3 朵小花，长 3.5 ~ 4 mm，紫褐色；第一颖具 3 条脉，长 2 ~ 2.5 mm，第二颖长 2.5 ~ 3.5 mm，脊上部粗糙；外稃长 3 ~ 4 mm，边缘膜质，脊 2/3 和边脉 1/2 以下被柔毛，下部脉间密被短柔毛，基盘几无绵毛；内稃稍短于外稃，脊上部具细纤毛；花药长 1.3 ~ 1.6 mm。本图片植物外形符合雪地早熟禾的描述，但具有胎生现象，暂时记载于此。

生物学特征：生于山地河谷沼泽化草甸高山草甸石质山坡，海拔 4 000 m 以上。花期 7—8 月。

地理分布：我国分布于新疆、青海；阿尔金山河边草甸常见。

生态价值：为高山草原物种，对于防止水土流失具有重要作用。

161. 喜马拉雅碱茅
Puccinellia himalaica Tzvel.

分类地位：禾本科碱茅属

英文名称：Himalaya alkaligrass

形态特征：多年生草本。秆直立，密丛生，高 10 ～ 20 cm；叶鞘平滑无毛；叶舌长约 1 mm；叶片对折或内卷，宽约 1 mm，上面沿脉与边缘微粗糙。圆锥花序长 4 ～ 8 cm，紧缩狭窄，后期开展；小穗含 2 ～ 3 朵花，长 3 ～ 4 mm，带紫色；第 1 颖具 1 条脉，第 2 颖具 3 条脉；外稃长达 2 mm；花药长约 0.6 mm。

生物学特征：生于高山沼泽草甸、河谷湖边草地、水沟旁盐化草甸及湿地，海拔 4 000 ～ 5 000 m。花期 6—8 月。

地理分布：我国分布于西藏、新疆；阿尔金山沼泽草甸有分布。

生态价值：为高山沼泽草甸物种，对于草甸生物多样性的维持具有重要作用。

162. 裸花碱茅

Puccinellia mudiflora Tavel.

分类地位： 禾本科碱茅属

英文名称： Nudiflorus alkaligrass

中文别名： 多花碱茅

形态特征： 多年生草本。秆丛生，高 10 ～ 20 cm，基部节膝曲。叶鞘平滑无毛，顶生叶鞘常达花序基部；叶舌长约 1 mm；叶片对折或内卷，长 3 ～ 5 cm。圆锥花序长 4 ～ 6 cm，较紧密；小穗长圆状卵形，含 4 朵小花，长 5 ～ 5.5 mm；颖片卵形，顶端钝圆，有细缘毛；外稃宽卵形，长 2.5 ～ 2.8 mm，上部有脊，顶端钝圆，边缘有金黄色膜质；内稃稍短，两脊有少数糙刺，无毛；花药长 0.6 ～ 0.8 mm。

生物学特征： 生于湖边砾石盐滩草甸、高山沟谷渠边沼泽地，海拔 2 400 ～ 4 900 m。花果期 7 月。

地理分布： 我国分布于西藏、青海和新疆；阿尔金山盐碱草甸常见。

生态价值： 为高山草甸常见种，对于草甸生物多样性的维持具有重要作用。

163. 垂穗披碱草
Elymus nutans Griseb.

分类地位： 禾本科披碱草属

英文名称： Drooping Wildryegrass

中文别名： 垂穗滨草

形态特征： 秆直立，高 50 ～ 70 cm。基部叶鞘具柔毛；叶片扁平，长 6 ～ 8 cm，宽 3 ～ 5 mm。穗状花序较紧密，长 5 ～ 12 cm，下垂，每节具 2 ～ 3 小穗；小穗绿色，成熟后带有紫色；颖长圆形，长 4 ～ 5 mm，2 颖几相等，先端渐尖或具长 1 ～ 4 mm 的短芒，具 3 ～ 4 条脉；外稃长披针形，具 5 条脉，全部被微小短毛，第一外稃长约 10 mm，顶端延伸成长 12 ～ 20 mm 的芒；内稃与外稃等长。

生物学特征： 多生于草原或山坡道旁和林缘。

地理分布： 我国分布于内蒙古、河北、陕西、甘肃、青海、四川、新疆、西藏等省（区）；阿尔金山草地常见。

生态价值： 为高山草原常见种，对于防止沙漠化具有重要作用。

164. 光穗曲芒鹅观草

Elymus tschimuganicus (Drob.) Tzvel. var. *glabrispiculus* D. F. Cui

分类地位： 禾本科披碱草属

英文名称： Smooth Spike Alpine Goosecomb

形态特征： 秆直立，高 25 ～ 65 cm。下部叶鞘无毛；叶舌长达 1 mm；叶片扁平或干后内卷，宽 1 ～ 4 mm。穗状花序弯曲，较稀疏，长 7 ～ 15 cm，每节具 1 小穗；小穗绿色或带紫色，常含 5 ～ 7 朵花；颖长圆形，具 3 ～ 5 条脉，先端具 1 ～ 4 mm 的短芒，第 1 颖长 5 ～ 7 mm，第 2 颖长 7 ～ 9 mm；外稃披针形，具 5 条脉，无毛，第一外稃长 10 ～ 11 mm，顶端延伸成长 20 ～ 35 mm 的芒；内稃与外稃近等长。

生物学特征： 多生于高山山地草原。

地理分布： 特产于新疆若羌；阿尔金山高山草地有分布。

生态价值： 对于防止沙漠化具有重要作用。

165. 梭罗草

Kengyilia thoroldiana (Oliv.) Keng var. *thoroldiana*

分类地位：禾本科鹅观草属

英文名称：Kengyilia

中文别名：梭罗以礼草

形态特征：植株低矮，密丛；秆高 12 ～ 15 cm，具 1 ～ 2 节，紧接花序以下平滑无毛。叶鞘平滑无毛，疏松裹茎；叶片内卷呈针状，长 2 ～ 5 cm，宽 2 ～ 3.5 mm，上面及边缘粗糙，近基部疏生软毛，下面平滑无毛。穗状花序卵圆形或长圆状卵圆形，长 3 ～ 4 cm，宽 1 ～ 1.5 cm；小穗紧密排列而偏于一侧，长 10 ～ 13 mm，含 4 ～ 6 朵小花，第一颖长 5 ～ 6 mm，具 3 条脉，第二颖长 6 ～ 7 mm；外稃密生柔毛，第一外稃长 7 ～ 8 mm；内稃稍短于外稃，脊上部具硬长纤毛，下部 1/3 其毛渐短，至基部则渐渐消失。

生物学特征：生于海拔 4 700 ～ 5 100 m 的山坡草地、谷底多沙处以及河岸坡地、滩地。

地理分布：我国分布于甘肃、青海、西藏和新疆；阿尔金山河边草地常见。

生态价值：为高山草原常见种，对于防止沙漠化具有重要作用。

166. 疏穗梭罗草

Kengyilia thoroldiana (Oliv.) Keng var. *laxiuscula* (Melderis) S. L. Chen

分类地位：禾本科鹅观草属

英文名称：Sparse Spike Kengyilia

中文别名：疏穗梭罗以礼草

形态特征：本变种与原变种梭罗草的主要区别在于：穗状花序疏松，长 5 ～ 7.5 cm（芒除外），颖不具长毛而于中脉粗糙，外稃具芒长 5 ～ 7 mm。

生物学特征：生于海拔 4 700 ～ 5 000 m 的山坡草地、谷底多沙处以及河岸坡地、滩地。

地理分布：我国分布于西藏和新疆；阿尔金山河边草地常见。

生态价值：为高山草原常见种，对于防止沙漠化具有重要作用。

167. 紫大麦草
Hordeum violaceum Boiss. et Huet

分类地位： 禾本科大麦属

英文名称： Violet Barley

形态特征： 多年生草本，形成密丛；秆直立，高 30 ～ 70 cm，具 3 ～ 4 节。叶鞘基部者长于而上部者短于节间，平滑无毛；叶舌膜质，长约 0.5 mm；叶片长 3 ～ 14 cm，宽 3 ～ 4 mm，常扁平，上面粗糙，下面较平滑。穗状花序直立，紫色，长 4 ～ 7 cm，宽 5 ～ 6 mm；小穗每节通常 3 个，颖与外稃均为刺芒状；外稃与内稃近等长；花药长约 1.5 mm。

生物学特征： 生于高山森林草甸、河谷草甸及沼泽化草甸，海拔 1 300 ～ 4 000 m。花果期 6—8 月。

地理分布: 我国分布于新疆、甘肃、青海、陕西、内蒙古等省（区）；阿尔金山沼泽化草甸常见。

生态价值： 为高山沼泽化草甸常见种，对于维持沼泽湿地的多样性具有重要作用。

168. 阿尔金山赖草

Leymus aerginshanicus D. F. Cui

分类地位：禾本科赖草属

英文名称：Aerginshan Leymus

形态特征：秆丛生，具 2～4 节，高 30～70 cm，无毛。叶鞘基部褐色，边缘膜质。叶舌长约 0.5 mm；叶片灰绿色；常内卷，长 10～20 cm，宽约 3 mm，上面被短柔毛，背面光滑。圆锥花序穗状，长 4～10 cm；小穗略带紫色，小穗轴密被短柔毛，含 3～4 朵小花。颖线状披针形；外稃椭圆状披针形，具 5 条脉，具短尖，平滑无毛或仅边缘具短柔毛；内稃与外稃等长，脊上部有纤毛；花药长约 4 mm。

生物学特征：生于高山碱性草地，海拔 3 100～4 000 m。花果期 7—9 月。

地理分布：我国分布于新疆和青海；阿尔金山草原常见。

生态价值：为高山碱性草原常见种，对于防止沙漠化具有重要作用。

169. 若羌赖草

Leymus ruoqiangensis S. L. Liu et Y. H. Wu

分类地位：禾本科赖草属

英文名称：Ruoqiang Leymus

形态特征：秆丛生，具 3 ～ 4 节，高 30 ～ 70 cm，无毛。叶鞘基部褐色，边缘膜质。叶舌长约 0.5 mm；叶片灰绿色；常内卷，长 6 ～ 15 cm，宽 1 ～ 3 mm，腹面粗糙偶被短绒毛，背面光滑。圆锥花序穗状，长 4.5 ～ 14 cm；小穗略带紫色，无毛，含 3 ～ 5 朵小花。颖钻形或狭披针形；外稃椭圆状披针形，具 5 条脉，无芒或具短尖，密被显著的柔毛；内稃无毛或脊上有毛，与外稃近等长；花药长 3 ～ 4 mm。

生物学特征：生于高山碱性草地，海拔 3 600 ～ 4 100 m。花果期 5—8 月。

地理分布：我国分布于新疆和青海；阿尔金山草原常见。

生态价值：为高山碱性草原常见种，对于防止沙漠化具有重要作用。

170. 赖草

Leymus secalinus (Georgi) Tzvel.

分类地位：禾本科赖草属

英文名称：Common Leymus

中文别名：老披碱

形态特征：多年生草本。秆单生或丛生，直立，高 40 ～ 100 cm，具 3 ～ 5 节。叶鞘幼嫩时边缘具纤毛；叶舌膜质，截平，长 1 ～ 1.5 mm；叶片长 8 ～ 30 cm，宽 4 ～ 7 mm，扁平或内卷，上面及边缘粗糙或具短柔毛，下面平滑或微粗糙。穗状花序直立，长 10 ～ 15 cm，宽 10 ～ 17 mm，灰绿色；小穗每节通常 2 ～ 3 个，长 10 ～ 20 mm，含 4 ～ 7 朵小花；颖短于小穗，线状披针形；外稃披针形，边缘膜质；内稃与外稃等长，先端常微 2 裂，脊的上半部具纤毛；花药长 3.5 ～ 4 mm。

生物学特征：生于高山碱性草地，海拔 3 600 ～ 4 200 m。花果期 6—10 月。

地理分布：我国分布于新疆、甘肃、青海、陕西、四川、内蒙古、河北、山西、东北等省（区）；阿尔金山干旱草原常见。

生态价值：为高山草原优势种，对于防止沙漠化具有重要作用。

171. 宽穗赖草

Leymus ovatus **(Trin.) Tzvel.**

分类地位： 禾本科赖草属

英文名称： Ovate Leymus

形态特征： 多年生草本。秆单生，直立，高 30 ~ 60 cm，具 3 ~ 4 节，平滑无毛或于花序下被贴生细毛。叶鞘无毛；叶舌膜质，截平，长 1 mm；叶片长 5 ~ 15 cm，宽 5 ~ 8 mm，扁平或内卷，上面密被白色长柔毛至短糙毛，下面密被短糙毛或平滑无毛。穗状花序直立，长 9 ~ 15 cm，宽 15 ~ 25 mm，穗轴密被柔毛；小穗每节通常 4 个，长 10 ~ 20 mm，含 5 ~ 7 朵小花；颖线状披针形，常 3 条脉；外稃披针形，具 1 ~ 3 mm 的短芒；内稃与外稃等长或稍短；花药长 3.5 ~ 4 mm。

生物学特征： 生于高山沙质草地及河谷沙质草甸，海拔 2 000 ~ 4 200 m。花果期 7—8 月。

地理分布： 我国分布于新疆；阿尔金山沙质草原常见。

生态价值： 为高山沙质草原物种，对于防止沙漠化具有重要作用。

172. 假苇拂子茅

Calamagrostis pseudophragmites (Haller) Koeler

分类地位：禾本科拂子茅属

英文名称：Falsereed Reedbentgrass

形态特征：多年生草本，秆直立，高 40 ～ 100 cm，径 1.5 ～ 4 mm。叶鞘平滑无毛，常短于节间；叶舌膜质，长 4 ～ 9 mm，长圆形；叶片长 10 ～ 30 cm，宽 1.5 ～ 5 mm，扁平或内卷，上面及边缘粗糙，下面平滑。圆锥花序长圆状披针形，疏松开展，长 10 ～ 20 cm，宽 3 ～ 5 cm，分枝簇生；小穗长 5 ～ 7 mm，草黄色或紫色；颖线状披针形；外稃透明膜质，长 3 ～ 4 mm，具 3 条脉，顶端全缘，长 1 ～ 3 mm，基盘的柔毛等长或稍短于小穗；内稃长为外稃的 1/3 ～ 2/3；雄蕊 3 枚，花药长 1 ～ 2 mm。

生物学特征：生于山坡草地或河岸阴湿之处，海拔 350 ～ 2 500 m。花果期 7—9 月。

地理分布：我国分布于东北、华北、西北及云南、贵州、四川等省（区）；阿尔金山河岸滩地常见。

生态价值：为河岸沙地常见种，对于水土保持具有重要作用。

173. 青海野青茅
Deyeuxia kokonorica Keng

分类地位： 禾本科野青茅属

英文名称： Qinghai Small Reed

形态特征： 多年生草本。秆直立，平滑无毛，高 15 ～ 40 cm，常具 2 节；叶鞘稍糙涩，上部者短于节间；叶舌膜质，两侧下延，长 1 ～ 3 mm，顶端钝且具细齿裂；叶片线状披针形，扁平或内卷，长 3 ～ 8 cm，基生叶长可达 12 cm，宽 1.5 ～ 4 mm。圆锥花序紧密成穗状，长 2 ～ 6.5 cm，宽 6 ～ 10 mm；小穗长约 4 mm，紫色，顶端常为古铜色；颖片宽披针形，第一颖具 1 条脉，第二颖具 3 条脉；外稃长约 3.5 mm；内稃微短于外稃，具 2 条脊，沿脊带紫色；花药长约 2 mm。

生物学特征： 生于高山草甸、灌丛草甸、湖边草地，海拔 3 000 ～ 3 700 m。花期 8—9 月。

地理分布： 我国分布于青海、新疆；阿尔金山干旱草原常见。

生态价值： 为高山草原常见种，对于防止沙漠化具有重要作用。

174. 矮野青茅

Deyeuxia tibetica Bor var. *przevalskyi* (Tzvel.) P. C. Kuo et S. L. Lu

分类地位：禾本科野青茅属

英文名称：Dwarf Tibet Small Reed

形态特征：多年生，具细弱根状茎。秆直立，疏丛，高 5 ～ 10 cm，径约 1 mm，紧接花序以下密被短毛。叶鞘微糙涩，无毛；叶舌膜质，长 2 ～ 4 mm，顶端撕裂状；叶片扁平，边缘纵卷，长达 8 cm，宽 1.5 ～ 2 mm，两面及边缘粗糙。圆锥花序短缩呈卵圆形或圆柱形，长 1 ～ 2 cm，宽约 1.5 cm；小穗紫色，长 4.5 ～ 6 mm；颖片披针形，背部粗糙，两颖近等长，第一颖具 1 条脉；外稃长约 4 mm；内稃稍短于外稃或近等长，顶端微 2 裂；花药长 2 ～ 2.2 mm。

生物学特征：生于山坡草地及河滩，海拔 3 000 ～ 5 000 m。花果期 7—8 月。

地理分布：我国分布于青海、西藏和新疆；阿尔金山高山草地常见。

生态价值：为高山草地常见种，对于防止沙漠化具有重要作用。

175. 紫花针茅
Stipa purpurea Griseb.

分类地位：禾本科针茅属

英文名称：Purpleflower Needlegrass

形态特征：秆高 20 ～ 45 cm，具 1 ～ 2 节，基部宿存枯叶鞘。叶鞘平滑无毛，长于节间；秆生叶舌披针形，长 3 ～ 6 mm，具极短缘毛；叶片纵卷如针状，下面微粗糙。圆锥花序较简单，基部常包藏于叶鞘内，长可达 15 cm；小穗呈紫色；颖披针形，先端长渐尖，长 1.3 ～ 1.8 cm；外稃长约 1 cm，背部遍生细毛；内稃背面也具短毛。颖果长约 6 mm。

生物学特征：多生于海拔 1 900 ～ 5 150 m 的山坡草甸、山前洪积扇或河谷阶地上。花果期 7—9 月。

地理分布：我国分布于甘肃、新疆、西藏、青海、四川；阿尔金山干旱草原常见。

生态价值：为高山草原见种，对于保持水土、防止沙化具有重要作用。

176. 座花针茅
***Stipa subsessiliflora* (Rupr.) Roshev.**

分类地位： 禾本科针茅属

英文名称： Subsessile-flower Feathergrass

中文别名： 羽柱针茅

形态特征： 多年生草本。秆高 2.5 ～ 45 cm，具 2 ～ 3 节。叶鞘平滑无毛，上部者长于节间；叶舌披针形，长 2 ～ 3 mm，基生叶舌稍短；叶片纵卷成线形。圆锥花序下部为顶生叶鞘所包，成熟时伸出鞘外，长 7 ～ 14 cm；小穗长 6 ～ 7 mm；颖紫色，披针形，先端尖，膜质；外稃长约 5 mm，背部遍生白毛，基盘尖锐，长约 2 mm，被密毛，内稃与外稃近等长，具 2 条脉。颖果圆柱形，长约 6 mm，黑褐色。

生物学特征： 多生于海拔 1 900 ～ 5 100 m 的山坡草甸、沙砾地或河谷阶地上。花果期 7—9 月。

地理分布： 我国分布于甘肃、新疆、青海；阿尔金山草原常见。

生态价值： 为高山草原见种，对于保持水土、防止沙化具有重要作用。

177. 芨芨草

Achnatherum splendens (Trin.) Nevski

分类地位： 禾本科芨芨草属

英文名称： Shining Speargrass

中文别名： 及及草

形态特征： 多年生草本。秆直立，坚硬，形成大的密丛，高 50 ～ 250 cm，径 3 ～ 5 mm，节多聚于基部，具 2 ～ 3 节，平滑无毛，基部宿存枯萎的黄褐色叶鞘。叶舌三角形或尖披针形，长 5 ～ 15 mm；叶片纵卷，质坚韧，长 30 ～ 60 cm，宽 5 ～ 6 mm。圆锥花序长 30 ～ 60 cm，开花时呈金字塔形开展，分枝细弱，2 ～ 6 枚簇生；小穗长 4.5 ～ 7 mm（除芒）；颖膜质，披针形，顶端尖或锐尖；外稃长 4 ～ 5 mm，基盘钝圆，长约 0.5 mm；内稃长 3 ～ 4 mm；花药长 2.5 ～ 3.5 mm。

生物学特征： 生于微碱性的草滩及砂土山坡上，海拔 900 ～ 4 500 m。花果期 6—9 月。

地理分布： 我国分布于东北、西北各省，华北部分省市；阿尔金山干旱荒漠常见。

生态价值： 为高山碱性荒漠优势种，对于水土保持具有重要作用。

178. 华扁穗草

Blysmus sinocompressus Tang et Wang

分类地位：莎草科扁穗草属

英文名称：Chinese Blysmus

中文别名：华扁穗苔

形态特征：多年生草本，有长的匍匐根状茎；秆近于散生，扁三棱形，高 5 ～ 20 cm。叶短于秆，宽 1 ～ 3.5 mm。苞片叶状，一般高出花序；穗状花序 1 个，顶生，长圆形或狭长圆形，长 1.5 ～ 3 cm，宽 6 ～ 11 mm；小穗 3 ～ 10 个，排列成二列或近二列，密；小穗长 5 ～ 7 mm，有 2 ～ 9 朵两性花；下位刚毛 3 ～ 6 条；雄蕊 3 枚，花药长 3 mm；柱头 2 个。

生物学特征 生于海拔 1 000 ～ 4 000 m 山坡草地。花果期 6—9 月。

地理分布：我国分布于内蒙古、山西、河北、陕西、甘肃、青海、云南、四川、西藏；阿尔金山河滩湿地常见。

生态价值：为高山湿地常见种，对于湿地生物多样性维持具有重要意义。

179. 大果扁穗草
Blysmus rufus (Huds.) Link

分类地位： 莎草科扁穗草属

英文名称： Big Fruit Blysmus

形态特征： 多年生草本，有细的匍匐根状茎；秆几乎圆形，少数丛生，高 10 ～ 30 cm。下部叶鞘褐色，无叶片，上部者具条形或窄条形叶片，宽 1 ～ 2 mm。苞片叶状，短于花序；穗状花序单一，顶生，由两侧紧密排列的 3 ～ 8 枚深褐色小穗组成，长 1.2 ～ 2 cm；小穗长圆状卵形，长 4.5 ～ 6 mm，花少；下位刚毛缺或短于小坚果；雄蕊 3 枚；柱头 2 个。

生物学特征： 生于高山河谷或沼泽化草甸，海拔 3 700 ～ 4 000 m。花果期 6—9 月。

地理分布： 我国分布于帕米尔高原和昆仑山；阿尔金山高原沼泽湿地偶见。

生态价值： 为高山湿地偶见种，对于湿地生物多样性维持具有重要意义。

180. 少花荸荠
Eleocharis pauciflora (Light f.) Link.

分类地位：莎草科荸荠属

英文名称：Fewflower Spikesedge

中文别名：少花针蔺

形态特征：多年生草本。秆多数，密丛生，钝五棱柱状，灰绿色，高 3 ～ 30 cm，直径 0.5 mm。叶片缺，只在秆的基部有 1 ～ 2 叶鞘。小穗卵形或球形，长 4 ～ 7 mm，淡褐色，顶端急尖，有 2 ～ 7 朵花，在小穗基部的一片鳞片淡褐色，不育，抱小穗基部一周；下位刚毛 0 ～ 5 条，长短不一，有倒刺；柱头 3 个。小坚果平凸状，长 2 mm。

生物学特征：生于沼泽草甸，海拔 3 900 ～ 4 200 m。花果期 6—7 月。

地理分布：我国分布于新疆；阿尔金山湿地草甸常见。

生态价值：为高山湿地草甸常见种，对于湿地植物多样性的维护具有重要意义。

181. 具刚毛荸荠
Eleocharis valleculosa Ohwi

分类地位： 莎草科荸荠属

英文名称： Setaceous Spikesedge

中文别名： 具槽秆荸荠

形态特征： 多年生草本。秆圆柱状，高 6 ～ 50 cm，直径 1 ～ 3 mm。在秆的基部有 1 ～ 2 个长叶鞘。小穗长 7 ～ 20 mm，宽 2.5 ～ 3.5 mm；小穗基部有 2 枚鳞片，抱小穗基部的 1/2 周以上；其余鳞片全有花；下位刚毛 4 条，其长明显超过小坚果，很淡锈色，略弯曲，不向外展开，具密的倒刺；柱头 2 个。小坚果双凸状，长 1 mm，淡黄色；花柱基为宽卵形，长为小坚果的 1/3。

生物学特征： 生长在浅水中。花果期 6—8 月。

地理分布： 几乎遍布我国各地；阿尔金山湿地常见。

生态价值： 湿地常见种，对于维持湿地生物多样性具有重要意义。

182. 矮嵩草

Kobresia humilis **(C. A. Mey ex Trautv.) Serg.**

分类地位： 莎草科嵩草属

英文名称： Dwarf Kobresia

中文别名： 矮生嵩草

形态特征： 秆密丛生，矮小，高 3 ～ 10 cm，坚挺，钝三棱形，基部具褐色的宿存叶鞘。叶短于秆，下部对折，上部平张，宽 1 ～ 2 mm。穗状花序椭圆形或长圆形，长 8 ～ 17 mm，粗 4 ～ 6 mm；支小穗通常 4 ～ 10 个，密生，顶生的雄性，侧生的雄雌顺序，在基部雌花之上具 2 ～ 4 朵雄花；鳞片长 4 ～ 5 mm，无短尖，纸质，两侧褐色，具狭的白色膜质边缘，中间绿色，有 3 条脉。先出叶长圆形或椭圆形，长 3.5 ～ 5 mm，膜质，淡褐色，背面具微粗糙的 2 条脊，有时基部具不明显的 1 ～ 2 条脉，顶端截形。小坚果椭圆形或倒卵形，三棱形，长 2.5 ～ 3 mm，成熟时暗灰褐色，有光泽，基部几无柄，顶端具短喙。

生物学特征： 生于亚高山及高山草甸带山坡阳处，海拔 2 500 ～ 4 200 m。花果期 6—8 月。

地理分布： 我国分布于河北、山西、四川、甘肃、青海、宁夏、新疆等省（区）；阿尔金山高山草甸偶见。

生态价值： 为高山草甸偶见种，对水土保持有重要作用。

183. 高山嵩草
Kobresia pygmaea (C. B. Clarke) C. B. Clarke

分类地位： 莎草科嵩草属

英文名称： Alpine Kobresia

中文别名： 波斯蒿草

形态特征： 多年生垫状草本。秆高 1～3.5 cm。叶与秆近等长，线形，宽约 0.5 mm。穗状花序雄雌顺序，长 3～5 mm，粗 1～3 mm；支小穗 5～7 个，密生，顶生的 2～3 个雄性，侧生的雌性；雄花鳞片长 3.8～4.5 mm，褐色，有 3 枚雄蕊；雌花鳞片长 2～4 mm，两侧褐色，具狭的白色膜质边缘，中间淡黄绿色，3 条脉。先出叶，长 2～4 mm，褐色，顶端带白色，在腹面、边缘分离达基部。小坚果扁三棱形，长 1.5～2 mm，成熟时暗褐色，无光泽。

生物学特征： 生于高山灌丛草甸和高山草甸，海拔 3 200～5 400 m。花果期 6—9 月。

地理分布： 我国分布于内蒙古、河北、山西、甘肃、青海、新疆南部、四川、云南、西藏；阿尔金山湿地草甸常见。

生态价值： 为高山湿地草甸优势种，为优良牧草。

184. 粗壮嵩草

Kobresia robusta **Maxim.**

分类地位：莎草科嵩草属

英文名称：Robust Kobresia

中文别名：粗状嵩草

形态特征：多年生草本。秆密丛生，粗壮，高 15 ～ 30 cm，粗 2 ～ 3 mm，圆柱形，光滑。叶短于秆，对折，宽 1 ～ 2 mm，质硬，腹面有沟，平滑，边缘粗糙。穗状花序圆柱形，长 2 ～ 8 cm，粗 7 ～ 10 mm；支小穗多数，顶生的雄性，侧生的雄雌顺序，在基部雌花之上具 3 ～ 4 朵雄花。鳞片长 6 ～ 10 mm，两侧淡褐色，具宽的白色膜质边缘，中间淡黄绿色，有 3 条脉。先出叶囊状，长 8 ～ 10 mm，淡褐色或褐色，在腹面，边缘连合至中部或中部以上。小坚果三棱形，长 4 ～ 7 mm，成熟时黄绿色。

生物学特征：生于高山灌丛草甸和河滩砂地，海拔 2 900 ～ 5 300 m。花果期 5—9 月。

地理分布：我国分布于甘肃、青海、西藏；阿尔金山草甸和沙地常见。

生态价值：为高山草甸优势种，为重要牧草。

185. 喜马拉雅嵩草

Kobresia royleana (Nees) Bocklr.

分类地位： 莎草科嵩草属

英文名称： Himalayan Kobresia

中文别名： 青海嵩草

形态特征： 多年生草本。秆丛生，高 6 ～ 35 cm，粗 1.5 ～ 2 mm，下部圆柱形，上部钝三棱形，光滑。叶短于秆，宽 2 ～ 4 mm，无毛，边缘稍粗糙。圆锥花序紧缩成穗状，长 1 ～ 3.5 cm，粗 6 ～ 12 mm；苞片鳞片状；小穗 10 余个，密生，长 5 ～ 10 mm，粗 2 ～ 3 mm。支小穗多数，顶生的数个雄性，侧生的雄雌顺序，在基部 1 朵雌花之上具 1 ～ 3 朵雄花；鳞片长 3 ～ 4 mm，中间绿色，有 3 条脉；先出叶长圆形，与鳞片近等长，膜质，腹面边缘分离几至基部。

生物学特征： 生于高山草甸、高山灌丛草甸、沼泽草甸、河漫滩等，海拔 3 700 ～ 5 300 m。花果期 6—9 月。

地理分布： 我国分布于青海、四川西部和西南部、云南西北部、西藏；阿尔金山草甸常见。

生态价值： 为高山草甸常见种，为重要牧草。

186. 无脉苔草
Carex enervis C. A. Mey

分类地位：莎草科苔草属

英文名称：Enervious Sedge

形态特征：多年生草本。秆高 10 ～ 30 cm，三棱形，上部粗糙，下部平滑，基部具淡褐色的叶鞘。叶短于秆，宽 2 ～ 3 mm，灰绿色，边缘粗糙，先端渐尖。苞片刚毛状或鳞片状。小穗多数，雄雌顺序，较紧密地聚集成穗状花序，花序长 1 ～ 2 cm，宽 7 ～ 14 mm。雌花鳞片长圆状宽卵形，具短尖，长 3 ～ 3.5 mm，宽 1.8 ～ 2 mm。果囊与鳞片近等长，平凸状，长 3 mm，宽约 1.2 mm，先端渐尖成喙，喙口具 2 齿裂。小坚果包于果囊中，长 1.2 ～ 1.5 mm，宽约 1 mm，浅灰色，具锈色花纹，有光泽。

生物学特征：生于潮湿处、沼泽草地或草甸，海拔 2 460 ～ 4 500 m。花果期 6—8 月。

地理分布：我国分布于黑龙江、吉林、内蒙古、山西、甘肃、青海、新疆、四川、云南、西藏；阿尔金山湿地草甸常见。

生态价值：为高山湿地草甸常见种，为重要牧草。

187. 昆仑苔草
Carex kunlunshannsis N. R. Cui

分类地位： 莎草科苔草属

英文名称： Kunlunshan Sedge

形态特征： 多年生草本。秆细而直立，高 3 ～ 16 cm，基部具棕褐色枯萎的叶鞘。叶稍长或短于秆，对折成丝状，宽约 1 mm，平滑无毛。下部苞片叶状。小穗 2 ～ 4 个，稍离生，上部 1 个为雄性，长 1 ～ 1.5 cm，其余为雌性，长 0.8 ～ 1.5 cm，无柄，雌花鳞片长卵形，黑紫褐色，长 4 ～ 5 mm，具短尖，边缘膜质，具 1 条中脉。果囊三棱形，长 3.5 ～ 4 mm，先端渐尖成喙，喙口 2 齿裂；柱头 3 个。

生物学特征： 生于潮湿处、沼泽草地或草甸，海拔 2 460 ～ 4 500 m。花果期 6—8 月。

地理分布： 特产于昆仑山；阿尔金山高山草甸偶见。

生态价值： 为高山草甸偶见种，为重要牧草。

188. 黑花苔草
Carex melanantha C. A. Meg

分类地位： 莎草科苔草属

英文名称： Blackflowered Sedge

形态特征： 多年生草本。秆高 8 ～ 30 cm，三棱形，基部具淡褐色的老叶鞘。叶宽 3 ～ 6 mm，近革质。苞片最下部的刚毛状，上部的鳞片状。小穗 3 ～ 6 个，密生呈头状，卵形，长 1 ～ 2.5 cm，近无柄；侧生小穗雌性，长 1 ～ 2 cm；雌花鳞片顶端锐尖，长 4 ～ 5 mm，两侧深紫红色，背面中间绿色，边缘具狭的白色膜质。果囊短于鳞片，三棱形，长 3 ～ 3.5 mm，基部具短柄。小坚果三棱形，长约 2 mm。

生物学特征： 生于高山草甸，海拔 2 500 ～ 4 500 m。花果期 6—8 月。

地理分布： 我国分布于新疆；阿尔金山湿地草甸常见。

生态价值： 为高山湿地草甸优势种，为重要牧草。

189. 尖苞苔草
Carex microglochin Wahl.

分类地位：莎草科苔草属

中文别名：小钩毛苔草

形态特征：多年生草本。秆丛生，高 5 ～ 20 cm，近无棱，平滑。叶短于秆，内卷如针，质硬，平滑。小穗 1 个，顶生，雄雌顺序，长约 1 cm，雄花部分极短，具 5 ～ 7 朵花，雌花部分具 4 ～ 12 朵花。果囊长于鳞片，最初近直立，后逐渐向外反折，披针状钻形，长 3.5 ～ 4.5 mm，淡棕色，具多条不明显的细脉。小坚果长圆形，长约 2 mm，腹面具一坚硬的延伸小穗轴，顶端尖锐，伸出果囊达 2 mm。

生物学特征：生于湖边、河滩湿草地、高山草甸，海拔 3 400 ～ 5 100 m。花果期 5—8 月。

地理分布：我国分布于青海、新疆、四川、西藏；阿尔金山湿地草甸常见。

生态价值：为高山湿地草甸优势种，为重要牧草。

190. 青藏苔草
Carex moocroftii Falc. ex Boott

分类地位： 莎草科苔草属

英文名称： Moocroft Sedge

中文别名： 高原苔草

形态特征： 多年生草本。秆高 7 ～ 20 cm，三棱形，坚硬，基部具褐色分裂成纤维状的叶鞘。叶短于秆，宽 2 ～ 4 mm，革质，边缘粗糙。苞片刚毛状，无鞘，短于花序。小穗 4 ～ 5 个，密生；顶生 1 个雄性，长 1 ～ 1.8 cm；侧生小穗雌性，长 0.7 ～ 1.8 cm；基部小穗具短柄。雌花鳞片长 5 ～ 6 mm，紫红色，具宽的白色膜质边缘。果囊等长或稍短于鳞片，三棱形，革质，黄绿色，上部紫色，脉不明显，顶端急缩成短喙，喙口具 2 齿。

生物学特征： 生于高山灌丛草甸、高山草甸、湖边草地或低洼处，海拔 3 400 ～ 5 700 m。花果期 7—9 月。

地理分布： 我国分布于青海、四川西部、西藏、新疆；阿尔金山湿地草甸常见。

生态价值： 为高山湿地草甸优势种，为重要牧草。

191. 黑穗苔草
Carex nivalis Boott

分类地位： 莎草科苔草属

英文名称： Black-spike Sedge

中文别名： 喜马拉雅苔草

形态特征： 多年生草本，高 10 ～ 40 cm。秆丛生，三棱形。叶扁平，宽 6 ～ 7 mm。小穗 3 ～ 5 个，长 2 ～ 3.5 cm；黑栗色，上部 2 个雌雄顺序或雄性，无柄，其余小穗雌性，具柄。苞片剑状，具鞘；鳞片黑栗色，长圆形，长 4 ～ 5 cm，具 1 条脉。果囊卵状椭圆形，长约 5 mm，仅基部白色外，全部黑色，光滑，先端具短喙。

生物学特征： 生于海拔 3 500 ～ 5 200 m 高山灌丛或草甸。花果期 6—7 月。

地理分布： 我国分布于四川、云南、西藏、新疆；阿尔金山高山草甸偶见。

生态价值： 为高山草甸偶见种，为重要牧草。

192. 圆囊苔草
Carex orbicularis Boott

分类地位：莎草科苔草属

英文名称：Orbicular Sedge

形态特征：多年生草本。秆丛生，高 10 ～ 25 cm，纤细，三棱形，粗糙，基部具栗色的老叶鞘。叶短于秆，宽 1.5 ～ 3 mm，边缘粗糙。苞片基部的刚毛状，短于花序，无鞘，上部的鳞片状。小穗 2 ～ 3 个，顶生 1 个雄性，长 1.2 ～ 2 cm，柄长 3 ～ 9 mm；侧生小穗雌性，长 0.5 ～ 1.5 cm，花密生。雌花鳞片长 1.8 ～ 2.5 mm，宽 1 ～ 1.2 mm，具白色膜质边缘，中脉色淡。果囊稍长于鳞片而较鳞片宽 2 ～ 3 倍，平凸状，长 2 ～ 2.7 mm，宽 2.3 ～ 2.5 mm，下部淡褐色，上部暗紫色，密生瘤状小突起。小坚果卵形，长约 2 mm。

生物学特征：生于河漫滩或湖边盐生草甸，沼泽草甸，海拔 2 800 ～ 4 600 m。花果期 7—8 月。

地理分布：我国分布于甘肃、青海、新疆、西藏；阿尔金山湿地草甸常见。

生态价值：为高山湿地草甸常见种，为重要牧草。

193. 无味苔草
Carex pseudofoetida Kük.

分类地位：莎草科苔草属

中文别名：褐鳞苔草

形态特征：多年生草本，具匍匐根状茎。秆高 5～10 cm，三棱形，中空，基部具淡褐色的叶鞘。叶短于或近等长于秆，宽 1～3 mm，先端急尖。苞片鳞片状。小穗 3～5 个，雄雌顺序，无柄，较紧密地聚集成头状花序，花序长 0.6～1.2 cm，宽 6～8 mm。雌花鳞片卵形或椭圆形，具急尖，长 3～4 mm，膜质，中脉明显。果囊与鳞片近等长，平凸状，长 3.5～4.5 mm，先端渐尖成喙，喙口栗褐色。小坚果包于果囊中，长约 2 mm，花柱基部不膨大，柱头 2 个。

生物学特征：生于高山沼泽或草甸，海拔 3 700～5 200 m。花果期 4—7 月。

地理分布：我国分布于青海、新疆、西藏；阿尔金山湿地草甸常见。

生态价值：为高山湿地草甸常见种，为重要牧草。

194. 双柱头藨草

Scirpus distigmaticus (Kükenth.) Tang et Wang

分类地位： 莎草科藨草属

英文名称： Double-stigma Bulrush

中文别名： 二柱头藨草

形态特征： 多年生草本。秆纤细，高 7 ～ 25 cm，近于圆柱形，平滑，无秆生叶，其基生叶。叶片刚毛状，长 7 ～ 18 mm，极细；叶鞘长于叶片，最下部 2 ～ 3 个仅有叶鞘而无叶片。花单性，雌雄异株；小穗单生于秆的顶端，卵形，长约 5 mm，宽 2.5 ～ 3 mm，具少数花；鳞片膜质；长 3.5 mm，麦秆黄色，半透明，有时下部边缘呈白色；无下位刚毛；柱头 2 个。小坚果平凸形，长约 2 mm。

生物学特征： 生于高山草甸，海拔 1 200 ～ 4 200 m。花果期 5 月。

地理分布： 我国分布于河北西北部、内蒙古、新疆、西藏西部；阿尔金山草甸常见。

生态价值： 为高山草甸常见种，对高山地区水土保持有重要作用。

195. 矮藨草
Scirpus pumilus Vahl.

分类地位： 莎草科藨草属
英文名称： Low Bulrush
中文别名： 矮草
形态特征： 多年生草本。秆纤细，高 5 ～ 15 cm。叶呈半圆柱状，长 7 ～ 16 mm，极细；叶鞘棕色。小穗单生于秆的顶端，倒卵形或椭圆形，长约 4.5 mm，宽 2.5 mm，具少数花；鳞片膜质；长 2.5 mm，背面具 1 条绿色脉，两侧黄褐色，边缘无色透明，最下面 2 个鳞片内无花；下位刚毛很不发达；雄蕊 3 枚；柱头 3 个。小坚果三棱形，长约 1.5 mm。
生物学特征： 生于水沟边草地、湿润处，海拔 1 200 ～ 4 200 m。花果期 5 月。
地理分布： 我国分布于河北西北部、内蒙古、新疆、西藏西部；阿尔金山草甸常见。
生态价值： 为高山草甸常见种，对高山地区水土保持有重要作用。

196. 展苞灯心草

Juncus thomsonii Buchenau

分类地位： 灯心草科灯心草属

英文名称： Thomson Rush

中文别名： 青藏灯心草

形态特征： 多年生草本，高 10 ～ 20 cm。茎直立，丛生，圆柱形，直径 0.6 ～ 1 mm。叶全部基生，常 2 枚；叶片细线形，长 1 ～ 10 cm；叶鞘红褐色，边缘膜质；叶耳明显。头状花序单一顶生，有 4 ～ 8 朵花，直径 5 ～ 10 mm；苞片 3 ～ 4 枚，开展，卵状披针形，长 3 ～ 8 mm，宽 1 ～ 3 mm，顶端钝，红褐色；花具短梗；花被片长圆状披针形，等长或内轮稍短，顶端钝；雄蕊 6 枚，长于花被片。蒴果三棱形，长 5.5 ～ 6 mm，成熟时红褐色至黑褐色。

生物学特征： 生于高山草甸、池边、沼泽地及林下潮湿处。花期 7—8 月，果期 8—9 月。

地理分布： 我国分布于陕西、甘肃、青海、四川、云南、西藏；阿尔金山河边湿地常见。

生态价值： 为高山草甸沼泽常见种，对维持湿地生态系统稳定具有重要价值。

197. 镰叶韭
Allium carolinianum DC.

分类地位： 百合科葱属

英文名称： Carolina Onion

中文别名： 多叶葱、镰叶葱

形态特征： 多年生草本。鳞茎粗壮，单生或 2 ～ 3 枚聚生；鳞茎外皮褐色至黄褐色，革质，顶端破裂，常呈纤维状。叶宽条形，扁平，光滑，常呈镰状弯曲。花葶粗壮，下部被叶鞘；总苞常带紫色，2 裂；伞状花序球状；小花梗近等长；花紫红色、淡紫色、淡红色至白色；花被片长 5 ～ 9 mm，宽 1.5 ～ 3 mm；花丝比花被片长；子房近球状，腹缝线基部具凹陷的蜜穴；花柱伸出花被外。

生物学特征： 生于海拔 2 500 ～ 5 000 m 的砾石山坡、向阳的林下和草地。花果期 6 月底至 9 月。

地理分布： 我国分布于甘肃（西部）、青海、新疆和西藏（西部和北部）；阿尔金山砾石山坡常见。

生态价值： 为山坡、草地常见种。可做药用。

198. 新疆顶冰花
Gagea subalpine L. Z. Shue

分类地位： 百合科顶冰花属

英文名称： Xinjiang Gagea

形态特征： 多年生草本。地下鳞茎窄卵形，膜质，棕褐色，上端延伸成圆筒状并紧密抱茎。茎高 8 ～ 10 cm。基生叶 1 片，条形，长 9 ～ 15 cm，宽 1.5 ～ 2.5 mm；茎生叶 3 ～ 4 片，下面 1 片稍宽于基生叶。花常单生，稀为 2 朵；花被片狭长圆形，长 14 ～ 18 mm，宽 3 ～ 5 mm，里面黄色，外面常深紫色；雄蕊长为花被片的 2/3；子房倒长圆形，柱头稍 3 裂。

生物学特征： 生于亚高山和高山草原带，海拔可达 4 000 m。花果期 4—5 月。

地理分布： 我国仅新疆分布；阿尔金山偶见。

生态价值： 为高山草原偶见种，花有观赏价值。

199. 天山鸢尾
Iris loczyi Kanitz

分类地位： 鸢尾科鸢尾属

英文名称： Tianshan Moutain Iris

形态特征： 多年生密丛草本，折断的老叶叶鞘宿存于根状茎上。叶坚韧，直立，狭条形，长 20～40 cm，宽约 3 mm，顶端渐尖，基部鞘状，无明显的中脉。花茎较短，基部常包有披针形膜质的鞘状叶；苞片 3 枚，内包含有 1～2 朵花；花蓝紫色，直径 5.5～7 cm；花被管长达 10 cm，外花被裂片倒披针形或狭倒卵形，长 6 cm，宽 1～2 cm，内花被裂片倒披针形，长 4.5～5 cm，宽 7～8 mm。

生物学特征： 生于海拔 4 000 m 左右的荒漠、沙地和干旱草原。花期 5—6 月，果期 7—9 月。

地理分布： 我国分布于内蒙古、甘肃、宁夏、青海、新疆、四川、西藏；阿尔金山沙地和干旱草原常见。

生态价值： 为高山草原常见种，具有很高的观赏价值和药用价值。

200. 卷鞘鸢尾

Iris potaninii Maxim. var. *potaninii*

分类地位： 鸢尾科鸢尾属

英文名称： Potanin Iris

中文别名： 甘青鸢尾

形态特征： 多年生草本，植株基部围有大量老叶叶鞘的残留纤维，棕褐色或黄褐色，毛发状，向外反卷。叶条形，长 4 ~ 8 cm，宽 2 ~ 3 mm。花茎极短，不伸出地面，基部生有 1 ~ 2 片鞘状叶；苞片 2 枚，膜质，狭披针形，长 4 ~ 4.5 cm，宽约 6 mm，内包含有 1 朵花；花黄色，直径约 5 cm；花梗近无；花被管长 1.5 ~ 3.7 cm，下部丝状，上部逐渐扩大成喇叭形，外花被裂片长约 3.5 cm，宽约 1.2 cm，中脉上密生有黄色的须毛状附属物，内花被裂片倒披针形，长约 2.5 cm，宽 0.8 ~ 1 cm。

生物学特征： 生于海拔 3 000 m 以上的石质山坡或干山坡。花期 5—6 月，果期 7—9 月。

地理分布： 我国分布于甘肃、青海、新疆、西藏；阿尔金山沙地和干旱草原常见。

生态价值： 为高山草原常见种，具有很高的观赏价值。

201. 蓝花卷鞘鸢尾

***Iris potaninii* Maxim. var. *ionantha* Y. T. Zhao**

分类地位：鸢尾科鸢尾属

英文名称：Blueflower Potanin Iris

中文别名：蓝花甘青鸢尾

形态特征：本变种与原变种卷鞘鸢尾（*Iris potaninii Maxim.* var. *potaninii*）的区别在于花为蓝色。

生物学特征：同原变种。

地理分布：我国分布于甘肃、青海、新疆、西藏；阿尔金山沙地和干旱草原常见。

生态价值：为高山草原常见种，具有很高的观赏价值。

阿尔金山国家级自然保护区野生动植物图谱

Dong Wu 动物篇

Aerjinshan
Guojiaji Ziran Baohuqu
Yesheng Dongzhiwu Tupu

一、无脊椎动物——昆虫

1. 白边痂蝗

Bryodema luctuosum Stoll

分类地位： 直翅目斑翅蝗科痂蝗属

英文名称： Band-winged Grasshoppers

形态特征： 体灰色、灰褐色或黄褐色，具小的暗色斑点。颈部蓝色。具明显的性二型现象：雄性体细长，前后翅很发达；雌性粗短，前后翅均短小，不到达后足股节的顶端。后足腿节内侧呈黑蓝色，胫节内侧蓝色。体长：雄性 25 ～ 34 mm，雌性 23 ～ 35 mm。

地理分布： 我国分布于新疆、甘肃、青海、内蒙古及西藏等地区；阿尔金山分布。

生物学特性： 高寒、干旱草原生存物种，主要栖居在植被稀疏、土壤沙质大的干旱草原上，在青藏高原分布达 2 000 ～ 4 800 m 地带。喜食针茅、碱草、赖草等禾草。一年发生 1 代，以卵在土中越冬。在阿尔金山成虫出现于 6—7 月。

（摄影：胡红英）

雄性

雌性

2. 光滑婪步甲

Harpalus politus Dejean

分类地位： 鞘翅目步甲科婪步甲属

形态特征： 身体小型或中型、粗壮；体表光滑，黑褐色，口须、触角和足黄褐色，前胸背板侧缘褐色。前胸背板中区光滑，后缘中部两侧凹陷；鞘翅长椭圆形，边缘具粗短白毛。体长 10 mm。

地理分布： 新疆阿尔金山。

生物学特性： 喜干燥、沙土环境。为捕食性昆虫。

（摄影：胡红英）

3. 猛步甲
Cymindis sp.

分类地位： 鞘翅目步甲科猛步甲属

形态特征： 体长卵形，头部和前胸背板棕色，有光泽，鞘翅小盾片、翅缝及鞘翅中后部斑棕黄色，触角、鞘翅和足淡黄色。前胸背板心形，前缘宽，后缘窄；鞘翅短，不及腹部末端，缘折窄。体长 8 ～ 10 mm。

地理分布： 新疆阿尔金山。

生物学特性： 栖息环境为高山砾石荒漠，成虫地栖性，不善飞翔，行动较敏捷，喜潮湿土壤，有趋光性。

（摄影：胡红英）

4. 帕斯提暗步甲
Amara pastica Dej

分类地位：鞘翅目步甲科暗步甲属

英文名称：Seed-Eating Ground Beetles

形态特征：体中等大小，体色幽暗，略带金属光泽，前胸背板及鞘翅黑褐色，触角和足黄褐色；体表光滑少毛，有不同形状的微细刻纹；前胸背板基部两侧各有一凹陷的窝，鞘翅肩角不明显，刻点列浅而清晰。体长约 10 mm。

地理分布：新疆巴里坤和阿尔金山。

生物学特性：通常栖息于较潮湿的沙地或潮湿地区的石头和木头下，以成虫越冬。取食植物的种子，是步甲科昆虫中罕见的植食性种类。

（摄影：胡红英）

5. 柯彼龙虱
Copelatus haemorrhoida F.

分类地位： 鞘翅目龙虱科柯彼龙虱属

英文名称： Predaceous Diving Beetles

形态特征： 体上方黄褐色，触角、唇基、前胸背板和鞘翅侧缘黄色，下颚须端部黑色，体下方黄褐色。身体呈长卵流线形，扁平，光滑，背面拱起，后足扁平，刚毛发达。触角丝状，共11节，下颚须较短。体长 12 mm。

地理分布： 该属昆虫为古北区广布种，本种发现于阿尔金山沙子泉。

生物学特性： 成、幼虫均肉食性，生活在静水或流水中，捕食软体动物、昆虫、小鱼等多种水生小动物。有趋光性。本种能在海拔 4 000 m 左右的水域分布，实属罕见。

（摄影：胡红英）

6. 暗葬甲
Silpha obscura (L.)

分类地位： 鞘翅目埋葬甲科葬甲属

英文名称： Carrion beetles

形态特征： 体宽扁，全体亚光黑色。触角末端膨大，但无明显端锤；前胸背板呈梯形，前缘略凹陷，盘区平坦无毛，刻点稀少；鞘翅光滑无毛，具 3 条低平无光泽的肋，其中靠近翅缝处 2 条肋隆起不明显，鞘翅端部不横截。体长约 13 mm。

地理分布： 古北区和东洋区广布种，分布于阿尔金山高山沙地藏野驴尸体下。

生物学特性： 食尸性或腐食性甲虫，通常在动物尸体下、尸体内爬行和取食。对动物腐尸具有强烈的趋性一般一年一代，以成虫越冬。成虫具有假死性。

（摄影：胡红英）

7. 蜉金龟
Aphodius sp.

分类地位：鞘翅目蜉金龟科蜉金龟属

中文别名：蜉金龟

英文名称：Dung Beetles

形态特征：体小型，略呈半圆筒形。黑色，鞘翅两侧棕红色。头前口式，唇基十分发达；触角 9 节，端部鳃状；小盾片发达，鞘翅具不明显的刻点列。成虫一般雄大雌小。体长 4 ～ 6 mm。

地理分布：新疆阿尔金山高寒草原牦牛粪内。

生物学特性：为粪食、腐食性类群，多生息在家畜、野兽粪堆中及粪堆下之土中，能迅速处理动物粪便，清洁环境。喜欢潮湿环境和夜间成群生活，有假死性，受惊后即落地装死。

（摄影：胡红英）

8. 光滑胖漠甲
Trigonoscelis sublaevigata Reitter

分类地位： 鞘翅目拟步甲科胖漠甲属

形态特征： 体黑色。头、胸部近光滑，具稀疏小刻点；上颚具2齿、无中间齿；鞘翅侧缘浑圆，具不明显的脊；第9腹节前缘无小刺。体长18～22 mm。

地理分布： 荒漠地区常见种，分布于东疆、南疆盆地荒漠及阿尔金山高寒荒漠。

生物学特性： 土栖种类，有一定的群集性。寄主植物主要为萹蓄等。

（摄影：胡红英）

9. 脊漠甲
Pterocoma sp.

分类地位：鞘翅目拟步甲科脊漠甲属

形态特征：体黑色，全身密被较长的白毛；前胸背板方形，中部具纵沟，沟两侧颗粒状突起小，其余部分具粗颗粒状疣突；鞘翅具发达的粗颗粒状疣突，鞘翅脊不明显。体长 11 mm。

地理分布：新疆阿尔金山。

生物学特性：栖息于高寒砾石荒漠，其余未详。

（摄影：胡红英）

10. 宽漠甲
Sternoplax sp.

分类地位： 鞘翅目拟步甲科宽漠甲属

中文别名： 宽漠甲

形态特征： 体黑色，卵形，体毛稀少，前胸背板和鞘翅密被小颗粒。上颚具 2 齿、无中间齿；鞘翅长卵形，无明显隆起的背脊；中足胫节后面基部 3 ～ 5 根刺，转节后面粗刺和刚毛多。体长 18 ～ 20 mm。

地理分布： 该属为荒漠常见种类，我国主要分布在内蒙古、甘肃、宁夏、新疆等地。本种分布于阿尔金山沙子泉。

生物学特性： 土栖种类，幼虫在地下生活，成虫在地表和地上生活，主要为害荒漠植物的根、茎、嫩芽和叶等，是荒漠草原的主要害虫之一。2 ～ 3 年发生一代，以成虫或幼虫越冬，成虫出现于 4—9 月。

（摄影：胡红英）

11. 磨光东鳖甲

Anatolica polita borealis Kasz

分类地位： 鞘翅目拟步甲科东鳖甲属

中文别名： 光滑鳖甲

英文名称： Darkling beetle

形态特征： 体长卵形，全身黑色，无光泽。触角线状；前胸背板方形，光裸，有不明显的稀疏刻点，侧缘发达；鞘翅基部缘饰完整，后翅退化。体长 12 ～ 16 mm。

地理分布： 荒漠常见种，分布于我国准噶尔盆地、阿尔金山高山荒漠以及内蒙古和甘肃荒漠地带。

生物学特性： 土栖种类，栖息于柽柳、梭梭和猪毛菜等荒漠植物的根下，以上述植物的根、嫩茎和叶为食。一年一代，以成虫或老熟幼虫越冬。成虫喜光，有一定的群集性，高温天气下自掘小洞作为临时栖身之地，有较强的假死性。

（摄影：胡红英）

交配

12. 月斑冠象
Stephanocleonus przewalskyi Faust

分类地位：鞘翅目象虫科冠象属

形态特征：体黑色，隆起。头部密被黄色筒状鳞片，喙中棱高，两侧具浅沟；前胸背板宽大于长，具纵向排列的白色鳞片；鞘翅卵圆形，密被白色鳞片，每鞘翅有 2 个光裸斑。体长 10.5 ～ 12.5 mm。

地理分布：新疆阿尔金山沙子泉沙地。

生物学特性：该虫栖息于高寒沙漠，种群数量较大。寄主植物可能为沙生针茅、棘豆等。

（摄影：胡红英）

交配

13. 粉红锥喙象

Conorhynchus conirostris (Gebler)

分类地位： 鞘翅目象甲总科象甲科锥喙象属

英文名称： Weevil

形态特征： 体土黄色被白色圆形鳞片，间杂淡至暗褐色鳞片。喙向前呈圆锥形，喙、额中隆线明显。前胸两侧白色，中区暗褐色，中区外两侧各有 1 黄色鳞片状纵带。体长 11 ～ 16 mm。

地理分布： 荒漠地区常见物种，广泛分布于我国西部荒漠地区。

生物学特性： 成虫出现于 4—8 月的荒漠中，通常一年 1 代，以成虫越冬，幼虫肥胖。成虫行动迟缓，具有很强的假死性。寄主植物主要为梭梭和甜菜等藜科植物，为梭梭害虫。

（摄影：胡红英）

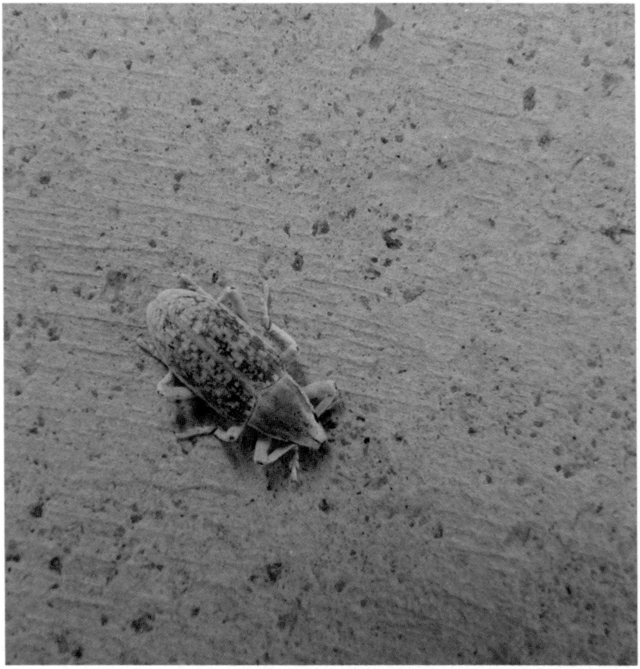

14. 中亚丽绢蝶
Parnassius actius (Eversmann)

分类地位：鳞翅目绢蝶科绢蝶属

形态特征：体中型，前翅长 25 ～ 30 mm。体黑色，翅白色半透明。前翅较长，端部较尖，中部具 5 个黑斑，其中最外一个具红心，外缘斑纹不明显；后翅前缘和中部具有较大的黑色圈，圈内红色，白心不甚明显。

地理分布：天山、帕米尔高原和阿尔金山。广泛分布于我国西部地区。

生物学特性：栖息于海拔 3 000 ～ 5 000 m 的石质高山上，一年一代，以幼虫越冬。寄主植物为景天科景天属和红景天属植物。同绢蝶属其他种类一样，中亚丽绢蝶的雄蝶在与雌蝶交配后会分泌一种物质封在雌蝶雌性外生殖器端部，称为臀袋，以防止其与其他雄蝶交配。

（摄影：胡红英）

15. 镏金豆粉蝶

Colias chrysotheme yangguifei Huang et Murayama

分类地位： 鳞翅目粉蝶科豆粉蝶属

英文名称： Lesser Clouded Yellow

形态特征： 前翅长 20 ～ 25 mm。具有性二型现象，雄蝶前后翅金黄色，正面外缘黑色，前翅中室端脉具黑斑；翅反面草黄色，斑纹不明显。后翅正面中室端有橙黄色大斑，翅反面绿褐色，中室端脉斑为银色小斑。雌蝶前翅外缘黑带间嵌有黄色斑。

地理分布： 我国主要分布在新疆、黑龙江；阿尔金山有分布。

生物学特性： 该种蝴蝶比较喜欢鲜花盛开的干燥草原或者稀疏森林环境，通常在海拔 2 000 m 以下栖息，一年 2 代。常在草原上快速飞行，偶尔落到地面访贴着地皮低矮小花，蜜源很杂，主要为豆科野豌豆属和黄耆属植物，也是其幼虫期的主要食物。

（摄影：胡红英）

雄性

16. 阿摩酒眼蝶
Oeneis ammon Elwes

分类地位：鳞翅目眼蝶科酒眼蝶属

形态特征：前翅长 21 ～ 24 mm，胸部黑褐色，翅灰褐色。前、后翅正面无明显带纹和眼斑；后翅反面外缘带褐色，亚外缘带灰褐色，翅基半部有 3 条黑褐色带纹。

地理分布：我国分布于新疆阿尔泰山和阿尔金山。

生物学特征：酒眼蝶属蝴蝶多数为高寒或高山物种，栖息于高山苔原或亚高山草地。由于生活在寒冷地区，其发育历期比较长，通常 2 年一代，以幼虫越冬。寄主植物主要为禾本科羊茅属植物。

（摄影：胡红英）

17. 递灿灰蝶（新拟）（郝家胜鉴定）
Agriades dis (Grum-Grshimaïlo)

分类地位：鳞翅目灰蝶科灿灰蝶属
形态特征：翅展 10 ～ 30 mm，中型或小型蝶类。体深褐色，翅正面以灰褐色，前后翅中室外端各具一白斑；反面淡褐色，中部和外缘具有多个呈带状分布的白斑，缘毛白色。
地理分布：分布于新疆阿尔金山、中亚地区高山、喜马拉雅山脉等。为中国新纪录种。
生物学特征：为高山蝴蝶。

（摄影：胡红英）

18. 绒蜂虻
Villa sp.

分类地位： 双翅目蜂虻科绒蜂虻属

英文名称： Bee Fly

形态特征： 体小到中型；黑色，翅淡褐色，透明。身体两侧及前后端密被白色长绒毛；胸腹部毛稀疏。高寒草原传粉昆虫。体长 13 mm 左右。

地理分布： 绒蜂虻属广泛分布于温带和寒温带地区，本种分布于阿尔金山高寒草原。

生物学特征： 绒蜂虻属某些种的幼虫破坏蝗虫卵，有些种则为夜蛾及甲虫幼期的天敌；其成虫具有访花传粉习性。因而该属昆虫为有益的昆虫资源，在蝗虫等害虫的生物控制以及显花植物的传粉中起着重要作用。

（摄影：胡红英）

19. 维都泥蜂
Sphex leuconotus F.

分类地位： 膜翅目泥蜂科泥蜂属

英文名称： Digger Wasp

形态特征： 体中型，被黑色浓密的细毛。体黑色，腹部基半部橙红色。口器咀嚼式，上颚发达，下颚须第四节几乎与第六节等长；小盾片具纵沟；足细长，胫节和跗节均具发达的刺，爪基部具 4 齿。雌性腹部末端螯刺发达。体长 14 ～ 20 mm。

地理分布： 古北区广布种，分布于天山山地和阿尔金山高寒荒漠。

生物学特征： 为独栖性蜂类，在土中或沙地筑巢。捕食性昆虫，可捕猎各种害虫，也取食花粉。成虫捕猎其他昆虫，捕到猎物后，用螯针将其麻痹，然后将猎物携回巢内封贮，供子代幼虫食用，幼虫孵出后取食猎物，直至老熟化蛹。

（摄影：胡红英）

20. 熊蜂
Bombus sp.

分类地位： 膜翅目蜜蜂科熊蜂属

英文名称： Bumble Bee

形态特征： 体中到大型，似蜜蜂，体粗壮多毛。黑色，前胸、中胸和腹部具较宽的黄色横毛带；嚼吸式口器，唇基明显隆起；后足胫节具花粉篮，基跗节内表面具整齐排列的花粉刷。腹部宽圆，密被长而整齐的毛；雄性外生殖器强几丁质化，生殖节及生殖刺突均呈暗褐色。雌性蜂腹部第四与第五腹板之间有蜡腺，其分泌的蜡是熊蜂筑巢的重要材料。体长 15 ～ 20 mm。

地理分布： 该属昆虫分布范围广，集中分布于北半球的温带和寒温带，适宜于寒冷、湿润的气候。本物种分布于阿尔金山高寒草原。

生物学特性： 社会性昆虫，具有三个级型：蜂王、工蜂和雄蜂，蜂王主要是负责产卵，工蜂主要是负责采集食物、筑巢、饲喂幼虫、清理卫生，雄蜂主要是交配繁衍后代。一年一代，是豆科植物和具有深冠花筒植物的传粉昆虫。

（摄影：胡红英）

二、脊椎动物

Ⅰ两栖爬行类

1. 青海沙蜥
Phrynocephalus vlangalii **Strauch**

分类地位： 爬行纲蜥蜴目鬣蜥科沙蜥属

英文名称： Vlangals Toad-headed Agama

中文别名： 沙蜥、沙婆子、沙虎子、蝎虎子

形态特征： 头体长 6 cm 左右。头体扁平；吻棱圆；鼻孔位于吻下方且略朝向两侧，在背面看不见；鼻间距较宽。躯干粗扁，腹部膨大。四肢粗短，指、趾也短。尾基部粗扁。头体背面鳞片光滑。鼻孔周围 3 ～ 4 枚较大鳞片突出成纽扣状。四肢上面的鳞片比背部鳞片大。背中线为绿黄或红棕色小点分隔；整个背面还有分散的浅色小圆点。颌缘具深色纵纹。四肢具轮廓不清晰的深色斑或窄波纹。腹面灰白或黄白色，咽喉部有黑色斑纹或大斑块；胸、腹部具大黑斑。雄蜥尾末端下方黑色，雌蜥则为白色或锈黄色。

生物学特征： 栖息于 2 000 ～ 4 700 m 的干燥沙砾地带。穴居，受惊扰即迅速逃或钻入附近的洞穴内。10 月中旬始入冬眠。以小形昆虫及其幼虫为食。7—9 月产仔，卵胎生，怀卵或胚胎数一般 2 ～ 4 个。

保护级别： 列入《国家保护的有益的或者有重要经济、科学研究价值的陆生野生动物名录》。

交配

（摄影：马鸣）

2. 昆仑沙蜥

Phrynocephalus kunlunensis sp. nov

分类地位：爬行纲蜥蜴目鬣蜥科沙蜥属

英文名称：Kunlun agama

形态特征：中等体型的沙蜥，雄性成体，头体长 4.8 cm 左右，最大吻肛长 5.2 cm。鼻孔位于吻的前侧下方，从背面、前面均不能直接看到鼻孔；鼻孔由 3 枚鼻鳞围成，前鼻鳞最大，约为后鼻鳞的 3 倍，上鼻鳞次之，其上有 1 枚膨大的疣鳞从背面将鼻孔遮住；顶眼周围至眼间有 2 列扩大的鳞片，直接接触或杂以少数粒鳞，该列鳞与上睫鳞间为细小的粒鳞；第 1、2 上睫鳞最大，两者之间的额顶部均为扩大的鳞片，尤以中间 1 枚最大，与周围的 5 ～ 8 枚椎状大鳞构成隆起的鳞丛。胸部鳞片具棱，尤以雄性为强。

生物学特征：栖息于阿尔金山保护区内海拔较高的荒漠地带（模式标本采集于若羌阿尔金山保护区阿其克湖畔）的区域，阿尔金山保护区特有种，穴居，以小形昆虫及其幼虫为食。

保护级别：无

（摄影：马鸣）

3. 荒漠麻蜥
Eremias przewalskii Strauch

分类地位： 爬行纲蜥蜴目蜥蜴科麻蜥属

英文名称： Desert Toad-headed Agama

中文别名： 麻蜥蜴、麻蛇子、马蛇子、马舌子、丽纹麻蜥

形态特征： 体长 23 ～ 25 cm。尾为头体长的 1 ～ 1.5 倍，头中等，吻钝，颏片与领围之间一纵列鳞 32 ～ 40 枚，体背为圆粒鳞，多少排成横列，体中段每横列有鳞 52 ～ 60 枚，腹鳞方形，光滑，肛前鳞前端不规则；四肢粗壮、四肢背面为粒鳞和小鳞，前臂前侧、股前侧及胫腹而均为大鳞，指、趾下瓣显著，股窝每侧 12 ～ 16 个，尾基扁平，尾背鳞微有棱。

生物学特征： 一般生活在温暖、干燥、阳光充足的沙土环境中。洞居，行动较缓慢。晴天外出，阴天少见。卵胎生，5—6 月繁殖，一胎有 4 ～ 8 只。

保护级别： 列入《国家保护的有益的或者有重要经济、科学研究价值的陆生野生动物名录》。

（摄影：马鸣）

Ⅱ 鸟类

4. 高山兀鹫

Gyps himalayensis A. O. Hume

摄影：马鸣

摄影：张翔

分类地位： 隼形目鹰科兀鹫属

英文名称： Himalayan Griffon

中文别名： 黄秃鹫

形态特征： 大型猛禽。全长约 120 cm。头和颈裸露，上部羽毛毛发状，到下颈羽毛逐渐变白并变成绒羽，颈基部有长而呈披针形的羽簇，淡黄色或黄褐色。上体和翅上覆羽淡黄褐色，飞羽黑色。下体淡白色或淡皮黄褐色，飞翔时淡色的下体和黑色的翅形成鲜明对照。幼鸟暗褐色，具淡色羽轴纹。嘴灰绿色或铅灰色。脚暗绿灰色。

生物学特征： 常翱翔于 6 000 m 高空、长时间在空中寻找动物尸体或残体，发现后落地撕食。2—5 月繁殖，多在悬崖边筑巢。每窝产卵 1 枚，白色，常无斑点。

保护级别： 国家二级保护动物；列入《中国脊椎动物红色名录》（等级：近危）。

摄影：张翔

摄影：张翔

5. 兀鹫
Gyps fulvus Hablizl

分类地位： 隼形目鹰科兀鹫属

英文名称： Eurasian Griffon, Eurasian Griffon Vulture

形态特征： 体长 100 cm，双翅展开约 3 m。颈基部具松软的近白色翎颌，头及颈黄白。成鸟具褐色翎颌，甚似高山兀鹫，区别在于飞行时上体黄褐而非浅土黄色，胸部浅色羽轴纹较细。与秃鹫的区别在下体浅色，且尾呈平形或圆形而非楔形。虹膜褐色，嘴角质色，具黑色蜡膜，脚暗淡绿黄色。

生物学特征： 栖于开阔多岩的高山。嗅觉灵敏，视力极佳。习惯把头伸进动物尸体的腹腔内啄食内脏和肌肉。兀鹫没有有力的足和锋利的爪。它们借助热空气在天空盘旋或者栖息在树枝上。飞翔高度在 9 000 m 以上。

保护级别： 国家二级保护动物，列入《中国脊椎动物红色名录》（等级：近危）。

摄影：马鸣

6. 胡兀鹫
Gypaetus barbatus L.

摄影：马鸣

摄影：马鸣

分类地位： 隼形目鹰科胡兀鹫属

英文名称： Lammergeier；Lammergeyer；Bearded vulture

中文别名： 大胡子雕、胡子雕、髭兀鹫、胡秃鹫

形态特征： 雄鸟体长 95 ～ 125 cm，雌鸟稍大，翼展 235 ～ 280 cm，全身羽色大致为黑褐色。头灰白色，有黑色贯眼纹，向前延伸与颏部的须状羽相连。眼先和嘴基也被有黑色刚毛，后头、颈、胸和上腹红褐色，后头和前胸上有黑色斑点。尾长、楔形，暗褐色或灰褐色。下体橙皮黄色到黄褐色，胸部橙黄色尤为鲜亮，有时下体为白色或乳白色，但明显的缀有棕色或红褐色，跗蹠被羽到趾或几乎到趾。幼鸟主要为暗褐色，上体具淡色羽轴纹，头颈多为黑色，颏部有黑色“胡须”。

生物学特征： 栖息在海拔 500 ～ 4 000 m 的山地裸岩地区，巢多位于岩洞里或悬崖的突出处。食腐，一般捡食其他猛禽剩下的残肉、内脏和骨头，叼着骨头飞至高空摔下，使其可以吞咽。繁殖期 2—5 月。每窝产卵通常 2 枚，卵为钝卵圆形，暗灰色或赭土色、具红褐色或褐色斑。

保护级别： 国家一级保护动物；列入《中国脊椎动物红色名录》（等级：近危）。

摄影：张翔

7. 秃鹫

Aegypius monachus L.

分类地位： 隼形目鹰科秃鹫属

英文名称： Cinereous Vulture；Eurasian Black Vulture；Black Vulture

中文别名： 狗头鹫、天勒、狗头雕、座山雕、欧亚黑秃鹫

形态特征： 大型猛禽，体长 108 ～ 120 cm。张开两只翅膀后翼展有 2 m 多长。通体黑褐色，头裸出，仅被有短的黑褐色绒羽，后颈完全裸无羽，颈基部被有长的黑色或淡褐白色羽簇形成的皱翎。嘴端黑褐色，爪黑色，前胸密被以黑褐色毛状绒羽，腹缀有淡色纵纹，上体自背至尾上覆羽暗褐色，尾略呈楔形，羽轴黑色。幼鸟比成鸟体色淡，头更裸露，容易识别。

生物学特征： 栖息范围广，休息时多站于突出的岩石、电线杆或树顶枯枝上。常白天单独活动。常翱翔于高空窥视大型动物尸体和其他腐烂动物。偶尔低空飞行，主动攻击中小型兽类、两栖类、爬行类、鸟类和家畜。啄食尸体时，面部和脖子会出现鲜艳的红色。繁殖期 3—5 月。多营巢于森林上部或裸露的高山地区。每窝通常产卵 1 枚，卵污白色、具红褐色条纹和斑点。

保护级别： 国家二级保护动物；列入《中国脊椎动物红色名录》（等级：近危）。

（摄影：马鸣）

8. 草原雕
Aquila nipalensis Hodgson

分类地位：隼形目鹰科雕属

英文名称：Steppe Eagle

中文别名：大花雕、角鹰

形态特征：大型猛禽，体长 70 ～ 80 cm，容貌凶狠，尾型平。体羽以褐色为主，上体土褐色，头顶较暗浓。飞羽黑褐色，杂以较暗的横斑，下体暗土褐色，胸、上腹及两胁杂以棕色纵纹；尾下覆淡棕色，杂以褐斑。头显得较小而突出，两翼较长。飞行时两翼平直，滑翔时两翼略弯曲。幼鸟体色较淡，翼下具白色横纹，尾黑，尾端的白色及翼后缘的白色带与黑色飞羽成对比。翼上具两道皮黄色横纹。

生物学特征：栖息于开阔平原、草地、荒漠和低山丘陵地带的荒原草地。常守在地上或等待在旱獭和鼠类的洞口等猎物出现时突然扑向猎物，有时也通过在空中飞翔来觅找猎物。繁殖期 5—7 月。营巢于森林中松树、槲树或其他高大的乔木树上，每窝产卵 1 ～ 3 枚，卵为白色，无斑或具有黄褐色斑点。

保护级别：国家二级保护动物；列入《中国脊椎动物红色名录》（等级：近危）。

（摄影：马鸣）

9. 乌雕

Aquila clanga Pallas

分类地位：隼形目鹰科雕属

英文名称：Greater Spotted Eagle

中文别名：花雕、小花皂雕

形态特征：中大型猛禽。体长 61 ～ 74 cm，通体为暗褐色，背部略微缀有紫色光泽，颏部、喉部和胸部为黑褐色，其余下体稍淡。尾羽短而圆，基部有一个“V”字形白斑和白色的端斑，飞行时两翅宽长而平直，两翅不上举。嘴黑色，基部较浅淡，爪为黑褐色；鼻孔为圆形，而其他雕类的鼻孔均为椭圆形；尾短，蜡膜及脚为黄色。幼鸟翼上及背部具有明显的白色点斑及横纹。

生物学特征：栖息于草原及湿地附近的林地，营巢于森林中松树、槲树或其他高大的乔木树上。白天活动，多在飞翔中或伏于地面捕食。繁殖期 5—7 月。每窝产卵 1 ～ 3 枚。卵的颜色为白色，被有红褐色的斑点。

保护级别：国家二级保护动物；列入《中国脊椎动物红色名录》（等级：濒危）。

（摄影：赵兰生）

10. 白肩雕
Aquila heliaca Savigny

分类地位： 隼形目鹰科雕属

英文名称： Asian Imperial Eagle；Eastern Imperial Eagle；Imperial Eagle

中文别名： 御雕

形态特征： 大型猛禽。体长 73 ～ 84 cm。体羽黑褐色，头和颈较淡，肩部有明显的白斑，在黑褐色的体羽上极为醒目，很远即可看见，这是区别其他雕的主要特征。滑翔时两翅平直，滑翔和翱翔时两翅不上举成“V”字形；同时飞翔时尾羽收得很紧，不散开，因而尾显得较窄长。幼鸟头皮黄褐色，背具黄褐色斑点，飞翔时尾常散开成扇形。

生物学特征： 栖息于海拔 2 000 m 以下的山地森林地带。常单独活动。或翱翔于空中，或长时间停息于空旷地区的孤立树上或岩石和地面上。主要以小型和中型哺乳动物和鸟类为食。繁殖期 4—6 月，每窝产卵 2 ～ 3 枚，卵白色。刚孵出后的雏鸟被有白色绒羽。

保护级别： 国家一级保护动物；列入《中国脊椎动物红色名录》（等级：濒危）。

（摄影：马鸣）

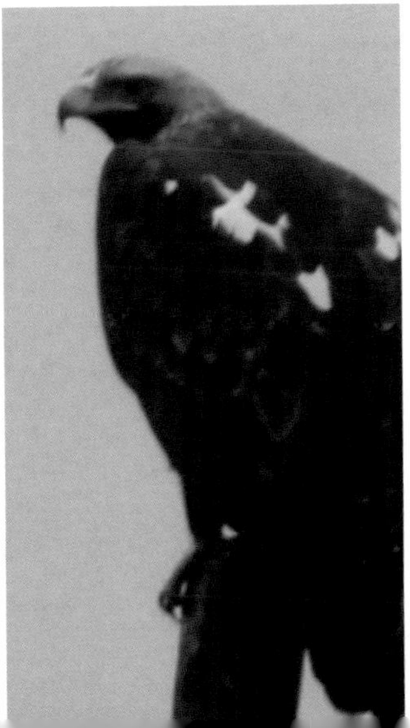

11. 金雕

Aquila chrysaetos (L.)

分类地位： 隼形目鹰科雕属

英文名称： Golden Eagle

中文别名： 金鹫、老雕、洁白雕、鹫雕

形态特征： 大型猛禽，全长 76 ～ 102 cm，翼展达 2.3 m，头顶黑褐色，后头至后颈羽毛尖长，呈柳叶状，羽基暗赤褐色，羽端金黄色，具黑褐色羽干纹。上体暗褐色，肩部较淡，背肩部微缀紫色光泽；尾上覆羽淡褐色，尖端近黑褐色，尾羽灰褐色，具不规则的暗灰褐色横斑或斑纹和一宽阔的黑褐色端斑；翅上覆羽暗赤褐色，羽端为淡赤褐色，下体颏、喉和前颈黑褐色，羽基白色；胸、腹也为黑褐色，羽轴纹较淡，覆腿羽、尾下覆羽和翅下覆羽及腋羽均为暗褐色，覆腿羽具赤色纵纹。其腿爪上全部都有羽毛覆盖着。

生物学特征： 多生活于多山或丘陵地区，特别是山谷的峭壁以及筑巢于山壁凸出处。最高活动海拔可到 4 000 m 以上。以大中型的鸟类和兽类为食。繁殖期 2—5 月，每窝产卵 1 ～ 3 枚，一般 2 枚。卵呈卵圆形，肮白色或青灰白色，具红褐色斑点和斑纹。

保护级别： 国家一级保护动物；列入《中国脊椎动物红色名录》（等级：易危）；列入《中国濒危动物红皮书 • 鸟类》（等级：易危）。

（摄影：张翔）

12. 玉带海雕

Haliaeetus leucoryphus (Pallas)

分类地位： 隼形目鹰科海雕属

英文名称： Pallas' s Fish-eagle；Band-tailed Fish-eagle

中文别名： 黑鹰、腰玉

形态特征： 大型猛禽，身长 76 ～ 84 cm，翼展 200 ～ 250 cm。嘴稍细，头细长，颈也较长。上体暗褐色，头顶赭褐色，羽毛呈矛纹状并具淡棕色条纹；颈羽较长，呈披针形。肩部羽具棕色条纹，下背和腰羽端棕黄色，尾羽中间具一道宽阔的白色横带斑。下体棕褐色。喉淡棕褐色，羽干黑色，具白色条纹。

生物学特征： 栖息于高海拔的河谷、山岳、草原等有水域的开阔地带。叫声响亮。肉食性。经常长时间地站在树上或岸边观察猎物的活动，一有机会就立刻出击。繁殖期从 11 月到次年 3 月，每窝产卵 2 ～ 4 枚，白色壳具光泽，光滑无斑。

保护级别： 国家一级保护动物；列入《中国脊椎动物红色名录》（等级：濒危）。

（摄影：王尧天）

13. 白尾海雕
Haliaeetus albicilla (L.)

分类地位： 隼形目鹰科海雕属

英文名称： Grey Sea Eagle；White-Talied Sea Eagle

中文别名： 白尾雕、黄嘴雕、芝麻雕

形态特征： 大型猛禽，体长 84 ～ 91 cm。成鸟多为暗褐色，头、颈淡黄褐色或沙褐色，具暗褐色羽轴纹。后颈和胸部羽毛为披针形，具暗褐色羽轴纹和淡色羽缘。嘴、脚黄色。尾上覆羽杂有白斑，尾较短，呈楔状，纯白色。第一年幼鸟羽基多为皮黄色，以后逐渐变淡，尾由略杂有白色到完全白色，嘴为黄色，体羽接近成鸟羽色需要在 5 龄以后。

生物学特征： 活动海拔为 2 500 ～ 5 300 m。栖息于湖泊、河流、海岸、岛屿及河口地区。常单独或成对在大的湖面和海面上空飞翔，冬季也成小群在高空翱翔。常通过在空中翱翔和滑翔搜寻猎物。也在水面低空飞行，发现鱼后用爪伸入水中。也吃野鸭、大雁、鼠类、野兔等动物及其尸体。繁殖期 4—6 月，每窝产卵通常为 2 枚，白色、光滑无斑或有少许赭土色斑。

保护级别： 国家一级保护动物；列入《中国脊椎动物红色名录》（等级：易危）。

（摄影：马鸣）

14. 棕尾鵟
Buteo rufinus (Cretzchmar)

分类地位： 隼形目鹰科鵟属
英文名称： Long-legged Buzzard
中文别名： 大豹、鸽虎
形态特征： 中大型猛禽，体长 50 ～ 65 cm，成鸟头、颈棕褐色，具黑色羽轴；眼先及眼上下淡色而具黑色羽领；通常上体为淡褐色到淡沙褐色，具有暗色的中央纹，喉部和上胸部为皮黄白色，具有暗色的羽轴纹，下胸为白色，腹部和腿上的羽毛为黑褐色，尾羽为棕褐色，通常没有横带或仅具有窄而明显的暗色横斑，脚和趾黄色或柠檬黄色。幼鸟尾羽具较多的暗褐色横斑。
生物学特征： 喜干燥，栖息于海拔 2 000 ～ 4 000 m 的荒漠、草原、无树的山地，不善鸣叫，行动迟缓，喜欢在空中成圆圈状翱翔和盘旋，两翅上举成“V”字形，有时也在空中逆风不动，好像悬浮在空中。喜欢在开阔地捕食，既会长时间地在突出物上蹲守，也会花很长时间在高空翱翔。繁殖期 4—7 月。每窝产卵 3 ～ 5 枚，通常 4 枚，偶尔也有少至 2 枚的。卵的颜色为白色或皮黄白色，具黄色或红褐色斑点。
保护级别： 国家二级保护动物；列入《中国脊椎动物红色名录》（等级：近危）。

（摄影：马鸣）

15. 毛脚鵟
Buteo lagopus (Pontoppidan)

分类地位： 隼形目鹰科鵟属

英文名称： Rough-legged Buzzard

中文别名： 雪白豹、毛足鵟

形态特征： 中型猛禽。前额、头顶直到后枕均为乳白色或白色，缀黑褐色羽干纹。上体呈暗褐色，下背和肩部常缀近白色的不规则横带。尾部覆羽常有白色横斑，圆而不分叉，尾羽洁白，末端具有黑褐色宽斑。翼角具黑斑，头色浅。雌鸟及幼鸟的浅色头与深色胸成对比。

生物学特征： 迁徙性鸟类。多单独活动。善飞翔，飞行姿态优美。主要以小型啮齿类动物和小型鸟类为食。繁殖期 5—8 月。每窝产卵通常 3 ～ 4 枚，卵的颜色为灰白色或黄白色，被有褐色或灰色斑点，尤以钝端较多。

保护级别： 国家二级保护动物；列入《中国脊椎动物红色名录》（等级：近危）。

（摄影：马鸣）

16. 大鵟
Buteo hemilasius (Temminck & Schlegel)

分类地位： 隼形目鹰科鵟属

英文名称： Upland Buzzard

中文别名： 豪豹、白鹭豹

形态特征： 大型猛禽，体长 57～76 cm。体色变化较大，分暗型、淡型两种色型。头顶和后颈白色，各羽贯以褐色纵纹。头侧白色；有褐色髭纹，上体淡褐色，有 3～9 条暗色横斑，羽干白色；下体大都棕白色；跗蹠前面通常被羽，飞翔时翼下有白斑。爪黑色。

生物学特征： 多栖息于山地、山脚平原和草原等地区。性凶猛机警。主要以啮齿动物为食。找到食物者扇动翅膀，防止其他的鸟前来争夺。繁殖期 5—7 月。每窝产卵通常 2～4 枚，卵为淡赭黄色，被有红褐色和鼠灰色的斑点，以钝端较多。

保护级别： 国家二级保护动物；列入《中国脊椎动物红色名录》（等级：易危）。

（摄影：马鸣）

17. 黑耳鸢

Milvus migrans (Boddaert)

分类地位： 隼形目鹰科鸢属

英文名称： Black-eared Kite

中文别名： 黑耳鹰、老鸢、黑鸢、鸡屎鹰、麻鹰

形态特征： 是一种体型略大的猛禽，体长约 65 cm，体羽深褐色，尾略显分叉，腿爪灰白色有黑爪尖。飞行时初级飞羽基部具明显的浅色次端斑纹。似黑鸢但耳羽黑色，体型较大，翼上斑块较白。幼鸟全身大都栗褐色，头、颈大多具棕白色羽干纹；胸、腹具有宽阔的棕白色纵纹，翅上覆羽具白色端斑，尾上横斑不明显，其余似成鸟。虹膜暗褐色，嘴黑色，蜡膜和下嘴基部黄绿色；脚和趾黄色或黄绿色，爪黑色。

生物学特征： 栖息于开阔平原、草地、荒原和低山丘陵地带。白天活动，常单独在高空飞翔，秋季有时也呈 2 ～ 3 只的小群。繁殖期 4—7 月。营巢于高大树上，距地高 10 m 以上，也营巢于悬岩峭壁上。

保护级别： 国家二级保护动物。

（摄影：马鸣）

18. 日本松雀鹰

Accipiter gularis (Temminck & Schlegel)

分类地位：隼形目鹰科鹰属

英文名称：Japanese Sparrowhawk

形态特征：小型猛禽，体长 23 ～ 33 cm，体重 75 ～ 173 g，雌鸟比雄鸟体形大。它的外形和羽色很像松雀鹰，但喉部中央的黑纹较为细窄，不似松雀鹰那样宽而粗著；翅下的覆羽为白色而具有灰色的斑点，而松雀鹰翅下覆羽为棕色；另外，日本松雀鹰腋下的羽毛为白色而具有灰色横斑，而松雀鹰的腋羽为棕色而具有黑色横斑。日本松雀鹰雄鸟的虹膜为深红色，雌鸟则为黄色。嘴为石板蓝色，尖端黑色。蜡膜为黄色。脚为黄色，爪为黑色。

生物学特征：主要栖息于山地针叶林和混交林中，也出现在林缘和疏林地带，是典型的森林猛禽。多单独活动。繁殖期 5—7 月，每窝产卵 5 ～ 6 枚，卵的颜色为浅蓝白色，被有少数小的紫褐色斑点。

保护级别：国家二级保护动物。

（摄影：马鸣）

19. 雀鹰

***Accipiter nisus* (L.)**

分类地位： 隼形目鹰科鹰属

英文名称： Sparrowhawk

中文别名： 黄鹰、鹞鹰

形态特征： 小型猛禽，体长 30 ～ 41 cm。雌较雄略大，翅阔而圆，尾较长。雄鸟上体暗灰色，雌鸟灰褐色，头后杂有少许白色。下体白色或淡灰白色，雄鸟具细密的红褐色横斑，雌鸟具褐色横斑。尾具 4 ～ 5 道黑褐色横斑，飞翔时翼后缘略为突出，翼下飞羽具数道黑褐色横带。

生物学特征： 栖息于针叶林、混交林、阔叶林等山地森林和林缘地带。日行性。常单独生活。部分留鸟，部分迁徙。春季于 4—5 月迁到繁殖地，秋季于 10—11 月离开繁殖地。

保护级别： 国家二级保护动物。

（摄影：魏希明）

20. 猎隼
Falco cherrug J. E. Grey

摄影：马鸣

分类地位： 隼形目隼科隼属

英文名称： Saker Falcon

中文别名： 猎鹰、兔虎

形态特征： 猎隼是体大且胸部厚实的浅色隼。颈背偏白，头顶浅褐。头部对比色少，眼下方具不明显黑色线条，眉纹白。上体多褐色而略具横斑，与翼尖的深褐色成对比。尾具狭窄的白色羽端。下体偏白，狭窄翼尖深色，翼下大覆羽具黑色细纹。翼比游隼形钝而色浅。幼鸟上体褐色深沉，下体满布黑色纵纹。叫声似游隼但较沙哑。

生物学特征： 主要生活在内陆草原和丘陵地区，栖息于山区开阔地带、河谷、沙漠和草地。主要以中小型鸟类、野兔、鼠类等动物为食。繁殖期 4—6 月，每窝产卵 3 ～ 5 枚，颜色为赭黄色或红褐色。

保护级别： 国家二级保护动物；列入《世界自然保护联盟（IUCN）濒危物种红色名录》（等级：濒危）。

摄影：张翔

21. 红隼
Falco tinnunculus L.

分类地位： 隼形目隼科隼属

英文名称： Common Kestrel；Eurasian Kestrel

中文别名： 茶隼，红鹰，黄鹰，红鹞子

形态特征： 小型猛禽。喙较短，先端两侧有齿突，基部不被蜡膜或须状羽；翅长而狭尖；尾较细长。呈现两性色型差异，雄鸟的颜色更鲜艳。雄鸟头顶、头侧、后颈、颈侧蓝灰色，具纤细的黑色羽干纹；前额、眼先和细窄的眉纹棕白色。背、肩和翅上覆羽砖红色，具近似三角形的黑色斑点；腰和尾上覆羽蓝灰色，具纤细的暗灰褐色羽干纹。雌鸟上体棕红色，背到尾上覆羽具粗著的黑褐色横斑。

生物学特征： 栖息于山地和旷野中。飞行快速，善于在飞行中追捕猎物，可快速振翅停于空中。捕食大型昆虫、鸟和小哺乳动物。猎食时有翱翔习性。繁殖期 5—7 月。每窝产卵通常 4～5 枚，卵白色或赭色、密被有红褐色斑，有的仅在钝端被有少许红褐色斑。

保护级别： 国家二级保护动物。

（摄影：马鸣）

22. 燕隼
Falco subbuteo L.

分类地位： 隼形目隼科隼属

英文名称： Eurasian Hobby；European Hobby

中文别名： 青条子、土鹘、儿隼、蚂蚱鹰、虫鹞

形态特征： 小型猛禽，体长 28 ～ 35 cm。上体为暗蓝灰色，有细的白色眉纹，颊部垂直向下的黑色髭纹，颈侧、喉部、胸部和腹部均为白色，胸部和腹部有黑色的纵纹，下腹部至尾下覆羽和覆腿羽为棕栗色。尾羽为灰色或石板褐色，除中央尾羽外，所有尾羽均具有皮黄色、棕色或黑褐色的横斑和淡棕黄色的羽端。飞翔时翅膀狭长而尖，翼下为白色，密布有黑褐色横斑。翅膀折合时，翅尖几乎到达尾羽的端部。

生物学特征： 栖息于接近林地的开阔原野。捕食小鸟和大型昆虫。飞行快速而敏捷，能在空中捕食，并能在空中作短暂停留。主要以雀形目小鸟和昆虫为食。繁殖期 5—7 月。每窝产卵 2 ～ 4 枚，卵为白色，密布红褐色的斑点。

保护级别： 国家二级保护动物。

（摄影：马鸣）

23. 拟游隼
Falco pelegrinoides Temminck

分类地位： 隼形目隼科隼属

英文名称： Barbary Talcon

中文别名： 北非游隼

形态特征： 体长 35 ～ 42 cm，翼展 80 ～ 100 cm。背灰色，下体偏白，眼下具狭窄的黑色线条，灰色的眉毛清晰可见。黑色的翼尖与灰色的覆羽及背部对比较明显，腰及尾上覆羽灰色浅，下体色浅，以颈背具铁锈色斑和棕色块斑为特征。头顶及后眉纹沾棕。幼鸟褐色重，下体多黑色纵纹，颈背色浅并沾棕。虹膜褐色；鸟喙灰色，蜡膜黄色；脚黄色。

生物学特征： 常见于半沙漠的岩石山丘，峡谷和山脉。习性同游隼。性情凶猛。主要捕食中小型鸟类。飞行快速，善于在飞行中追捕猎物。

保护级别： 国家二级保护动物；列入《中国脊椎动物红色名录》（等级：近危）。

（摄影：马鸣）

24. 纵纹腹小鸮
Athene noctua (Scopoli)

分类地位： 鸮形目鸱鸮科小鸮属

英文名称： Little Owl

中文别名： 辞怪、小猫头鹰、小鸮、东方小鸮

形态特征： 体小（约 23 cm），无耳羽簇。头顶平，眼亮黄而长凝不动。浅色平眉及白色宽髭纹使其形狰狞。上体褐色，具白纵纹及点斑。下体白色，具褐色杂斑及纵纹，肩上有 2 道白色或皮黄色横斑。虹膜亮黄色，嘴角质黄色，脚白色、被羽，爪黑褐色。

生物学特征： 常见留鸟，广布于我国北方及西部的大多数地区，高可至海拔 4 600 m。以昆虫和鼠类为食，也吃小鸟、蜥蜴、蛙类等小动物。繁殖期 5—7 月。

保护级别： 国家二级保护动物。

（摄影：马鸣）

25. 鹏鸮
Bubo bubo (L.)

分类地位： 鸮形目鸱鸮科雕鸮属

英文名称： Eurasian Eagle Owl

中文别名： 鹫兔、怪鸱、角鸱、雕枭、恨狐、老兔

形态特征： 夜行猛禽。眼先和眼前缘密被白色刚毛状羽；眼上方有黑斑，面盘余部淡棕白色或栗棕色，杂以褐色细斑。头顶黑褐色，羽缘棕白色，并杂以黑色波状细斑；耳羽发达。后颈和上背棕色；肩、下背和翅上覆羽棕色至灰棕色，杂以黑色和黑褐色斑纹，并具黑色羽干纹；羽端大都呈黑褐色块斑状。腰及尾上覆羽棕色至灰棕色；中央尾羽暗褐色，具 6 道不规整的棕色横斑。胸棕色，具粗著的黑褐色羽干纹，下腹中央几纯棕白色，覆腿羽和尾下覆羽微杂褐色细横斑。虹膜金黄色，嘴和爪铅灰黑色。

生物学特征： 多栖息于人迹罕至的密林中。夜行性。飞行时缓慢无声，通常贴地面飞行。主要以各种鼠类为食。繁殖期随地区而不同，通常营巢于树洞、悬崖峭壁下的凹处或直接产卵于地上，每窝产卵 2 ～ 5 枚，卵白色，呈椭圆形。

保护级别： 国家二级保护动物；列入《中国脊椎动物红色名录》（等级：近危）。

（摄影：邢睿）

26. 暗腹雪鸡
Tetraogallus himalayensis G. R. Gray

分类地位： 鸡形目雉科雪鸡属

英文名称： Himalayan Snowcock

中文别名： 高山雪鸡、喜马拉雅雪鸡

形态特征： 体长 50 ～ 65 cm。通体以土棕色或红棕色为主，密布有黑褐色斑点。头顶至后颈灰褐色或灰白色，颈侧有白色斑，其上下边缘均围着一圈栗色线条，并与喉和上胸之间的栗色线条相连；上体密布黑褐色的虫蠹状斑；棕褐色的翅膀上有大块的白斑；中央尾羽是淡棕色，外侧尾羽栗色，杂以黑褐色虫蠹状斑；下胸和腹部都是暗灰色，杂以砖红色或栗色粗纹。

生物学特征： 典型的高山耐寒鸟类，多栖息于海拔 2 500 ～ 5 500 m 的高山和裸岩地区及高山草甸和稀疏的灌丛附近。喜在灌丛下岩石的凹陷处筑巢，善跑，很少飞。喜欢集群，主要以植物性食物为食。每年 5 月进入繁殖期，一般在永久积雪的高山带产卵。每巢产卵 4 ～ 8 枚，卵淡赭石色，稍沾绿，内壳淡绿色，具有棕褐色或褐色斑点，尖端小而多，钝端大而少，有的还具块斑。

保护级别： 国家二级保护动物；列入《中国脊椎动物红色名录》（等级：近危）。

（摄影：张翔）

摄影：马鸣

摄影：张翔

27. 藏雪鸡

Tetraogallus tibetanus Gould

分类地位： 鸡形目雉科雪鸡属

英文名称： Tibetan Snowcock

中文别名： 西藏雪雷鸡、淡腹雪鸡、雪鸡

形态特征： 体长 53 cm 左右，体形与家鸡相似。头、胸及枕部灰，喉白，眉苍白，眼周裸露皮肤橘黄，白色耳羽有时染皮黄色，胸两侧具白色圆形斑块。两翼具灰色及白色细纹，尾灰且羽缘赤褐。下体苍白，有黑色细纹。幼鸟上体与成鸟相似，眉以下稍沾棕，喉为沾土棕的白色，后胸以下为沾黄的白色，两胁个别羽毛一边具黑色纵纹。

生物学特征： 栖于多岩高山草甸及流石滩，夏季高至海拔 4 500 m，冬季下至海拔 2 500 m。喜结群，白天活动。食性以植物性为主。翅强，善飞，但在遇敌害时往往奔走逃避，不得已时才鼓翼起飞。繁殖期 4—5 月，每窝产卵一般 4 ~ 7 枚，卵的颜色变化较大，有灰褐色、淡黄白色、橄榄褐色和皮黄色等，上有土褐色或红褐色斑点。

保护级别： 国家二级保护动物；列入《中国脊椎动物红色名录》（等级：近危）。

摄影：张翔

28. 石鸡
Alectoris chukar (J. E. Gray)

摄影：张翔

分类地位：鸡形目雉科石鸡属

英文名称：Chukar；Chukar Partridge

中文别名：朵拉鸡、红腿鸡、嘎嘎鸡、美国鹧鸪

形态特征：中型雉类，体长 27 ～ 37 cm。嘴、脚珊瑚红色，虹膜栗褐色，头顶至后颈红褐色，额部较灰，头顶两侧也沾浅灰色，眼上眉纹白色沾棕，围绕头侧和黄棕色的喉部有完整的黑色环带。上体紫棕褐色，胸部灰色，腹部棕黄色，两胁各具十余条黑、栗色并列的横斑。尾圆，尾长约为翅长的 2/3，尾羽 14 枚。

生物学特征：栖息于低山丘陵地带的岩石坡和沙石坡上，性喜集群。飞翔能力强且迅速，但飞不多远即落入草丛中，发出“嘎拉”声。以草本植物和灌木的嫩芽、嫩叶、浆果、种子、苔藓、地衣和昆虫为食。繁殖期 4—6 月，每窝产卵 7 ～ 17 枚，偶尔有多至 20 枚。卵棕白色或皮黄色、具暗红色大小不等的斑点。

保护级别：列入《国家保护的有益的或者有重要经济、科学研究价值的陆生野生动物名录》。

摄影：马鸣

29. 毛腿沙鸡
***Syrrhaptes paradoxus* (Pallas)**

分类地位：沙鸡目沙鸡科沙鸡属
英文名称：Pallas' s Sandgrouse
中文别名：沙鸡、沙半斤
形态特征：大小如鹤鹑，体长 35 ～ 40 cm，外形似鸽，喙短而弯曲。翅尖长，飞行极快。羽毛沙黄色，中间两根尾羽特别尖长，小腿上的羽毛又长又密，披及脚面，故又有毛腿沙鸡之称。额、头顶前部及头侧纯黄色，中央尾羽特别延长，呈砂棕色；胸棕灰色，腹部淡棕色，中央具一大黑块斑。
生物学特征：栖于开阔的贫瘠原野、无树草场及半荒漠。多成群活动。在地面沙土凹处筑巢。卵椭圆形，每窝 3 卵。食物主要为各种植物种子和幼芽。
保护级别：列入《国家保护的有益的或者有重要经济、科学研究价值的陆生野生动物名录》。

（摄影：张翔）

30. 山斑鸠
Streptopelia orientalis (Latham)

分类地位： 鸽形目鸠鸽科斑鸠属

英文名称： Oriental Turtle Dove

中文别名： 斑鸡、鸪锥

形态特征： 体长 32 cm。前额和头顶前部蓝灰色，头顶后部至后颈转为沾栗的棕灰色，具有显著的黑灰色颈斑。上背褐色，各羽缘红褐色；下背和腰蓝灰色，尾上覆羽和尾同为褐色，具蓝灰色羽端。肩和内侧飞羽黑褐色，具红褐色羽缘；外侧中覆羽和大覆羽深石板灰色；飞羽黑褐色。下体为葡萄酒红褐色，颏、喉棕色沾染粉红色，胸沾灰，腹淡灰色，两肋、腋羽及尾下覆羽蓝灰色。虹膜金黄色或橙色，嘴铅蓝色，脚洋红色，爪角褐色。

生物学特征： 栖息在山地、丘陵或平原的林区，主要在林缘、耕地及其附近集数只小群活动。飞行似鸽，常滑翔。营巢于树上，每窝产卵 2 枚，卵白色。

保护级别： 列入《国家保护的有益的或者有重要经济、科学研究价值的陆生野生动物名录》。

（摄影：马鸣）

摄影：刘全儒

31. 戴胜
Upupa epops L.

分类地位： 佛法僧目戴胜科戴胜属

英文名称： Eurasian Hoopoe

中文别名： 胡哱哱、花蒲扇、山和尚、鸡冠鸟、臭姑鸪

形态特征： 体长 26 ~ 28 cm，翼展 42 ~ 46 cm。头、颈、胸淡棕栗色。胸部沾淡葡萄酒色；下背和肩羽黑褐色而杂以棕白色的羽端和羽缘；上、下背有黑色、棕白色、黑褐色三道带斑及一道不完整的白色带斑，并连成的宽带向两侧围绕至翼弯下方；腰白色；尾上覆羽基部白色，端部黑色，部分羽端缘白色；尾羽黑色，各羽中部向两侧至近端部有一白斑相连成一弧形横带。腹及两胁由淡葡萄棕转为白色，并杂有褐色纵纹。嘴黑色，基部呈淡铅紫色；脚铅黑色。

生物学特征： 栖息于山地、平原、森林、林缘、路边、河谷、农田、草地和果园等开阔地方。常在地面上慢步行走，边走边觅食。停歇或在地上觅食时，羽冠张开，形如一把扇，遇惊后则立即收贴于头上。繁殖期 4—6 月。每窝产卵通常 6 ~ 8 枚，卵为长卵圆形，浅鸭蛋青色或淡灰褐色。

保护级别： 列入《国家保护的有益的或者有重要经济、科学研究价值的陆生野生动物名录》。

摄影：马鸣

32. 蒙古沙鸻
Charadrius mongolus Pallas

摄影：张翔

分类地位： 鸻形目鸻科鸻属

英文名称： Lesser Sand Plover；Mongolian Dotterel；Mongolian Plover

形态特征： 小型涉禽，体长约 20 cm。额部颜色为白色、黑色或仅具白斑。头顶前部具一黑色横带，连于两眼之间。眼先、贯眼纹和耳羽黑色，其上后方有一白色眉斑，后颈棕红色，向两侧延伸至上胸与胸部棕红色相连，形成一完整的棕红色颈环，背和其余上体灰褐色或沙褐色。下体包括颏、喉、前颈、腹部白色。跗蹠修长，胫下部也裸出。中趾最长，趾间具蹼或不具蹼，后趾形小或退化。翅形尖长，尾形短圆，尾羽 12 枚。

生物学特征： 栖息于海滨、岛屿、河滩、湖泊、池塘、沼泽、水田、盐湖等湿地之中，营巢于高山林线以上的高原或苔原地带。常在水边沙滩上走动，边走边觅食。野外 5—8 月繁殖，每窝产卵多为 3 枚，卵为卵圆形，赭褐色或皮黄色，被有黑褐色斑点。

保护级别： 列入《国家保护的有益的或者有重要经济、科学研究价值的陆生野生动物名录》。

摄影：马鸣

33. 白腰草鹬
Tringa ochropus L.

分类地位： 鸻形目鹬科鹬属

英文名称： Green Sandpiper

形态特征： 小型涉禽，体长 20 ～ 24 cm，黑白两色的内陆水边鸟类。前额、头顶、后颈黑褐色具白色纵纹。夏季上体黑褐色具白色斑点。腰和尾白色，尾具黑色横斑。下体白色，胸具黑褐色纵纹。白色眉纹仅限于眼先，与白色眼周相连，在暗色的头上极为醒目。冬季颜色较灰，胸部纵纹不明显，为淡褐色。飞翔时翅上翅下均为黑色，腰和腹白色，容易辨认。

生物学特征： 主要栖息于山地或平原森林中的湖泊、河流、沼泽和水塘附近，海拔高度可达3 000 m左右。常单独或成对活动。以小型无脊椎动物为食，偶尔也吃小鱼和稻谷。繁殖期 5—7 月。每窝产卵 3 ～ 4 枚，卵为梨形，桂红色、污白色、灰色或灰绿色，其上被有红褐色斑点。

保护级别： 列入《国家保护的有益的或者有重要经济、科学研究价值的陆生野生动物名录》。

（摄影：王尧天）

34. 红脚鹬
Tringa totanus (L.)

分类地位： 鸻形目鹬科鹬属

英文名称： Common Redshank

中文别名： 赤足鹬、东方红腿

形态特征： 体长约 28 cm，上体褐灰，下体白色，胸具褐色纵纹。飞行时腰部白色明显，次级飞羽具明显白色外缘。上胸白色，具细密的黑褐色纵纹。尾上具黑白色细斑。虹膜黑褐色，嘴长直而尖，基部橙红色，尖端黑褐色。脚较细长，亮橙红色，繁殖期变为暗红色。幼鸟上体具皮黄色斑或羽缘，胸沾有皮黄褐色。中央尾羽缀桂红色。

生物学特征： 迁徙性鸟类。生活于草地、湖泊、沿海等地。主要以各种小型动物为食。性机警，飞翔力强，受惊后立刻冲起，从低至高成弧状飞行，边飞边叫。繁殖期5—7月。每窝产卵3～5枚。卵为梨形，淡绿色或淡赭色，被有黑褐色斑点。

保护级别： 列入《国家保护的有益的或者有重要经济、科学研究价值的陆生野生动物名录》。

（摄影：马鸣）

35. 矶鹬
Actitis hypoleucos (L.)

分类地位： 鸻形目鹬科矶鹬属

英文名称： Common Sandpiper

形态特征： 小型涉禽，体长 16 ～ 22 cm。嘴、脚均较短，嘴暗褐色，脚淡黄褐色具白色眉纹和黑色过眼纹。头、颈、背、翅覆羽和肩羽橄榄绿褐色具绿灰色光泽。翼下具两道显著的暗色横带。上体黑褐色，下体白色，并沿胸侧向背部延伸，翅折叠时在翼角前方形成显著的白斑，飞翔时明显可见尾两边的白色横斑和翼上宽阔的白色翼带，飞翔姿势两翅朝下扇动，身体呈弓状。

生物学特征： 迁徙性鸟类。栖息于低山丘陵和山脚平原一带的江河沿岸、湖泊、水库、水塘岸边，也出现于海岸、河口和附近沼泽湿地。主要以昆虫和小鱼为食。性机警。站立时不住地点头、摆尾，行走时缓慢轻盈，同时点头，常沿水边跑跑停停。5 月初至 7 月末繁殖。每窝产卵 4 ～ 5 枚，卵通常钝端向上，直立而整齐地排列，卵为梨形，肉红色或土红色，被暗红褐色斑点，尤以钝端较密。

保护级别： 列入《国家保护的有益的或者有重要经济、科学研究价值的陆生野生动物名录》。

（摄影：马鸣）

36. 反嘴鹬
Recurvirostra avosetta L.

分类地位： 鸻形目反嘴鹬科反嘴鹬属

英文名称： Pied Avocet

形态特征： 体长 38 ～ 45 cm。眼先、前额、头顶、枕和颈上部绒黑色或黑褐色，形成一个经眼下到后枕，然后弯下后颈的黑色帽状斑。其余颈部、背、腰、尾上覆羽和整个下体白色。肩和翕两侧黑色。尾白色，末端灰色。初级飞羽黑色。内侧初级飞羽和次级飞羽白色。三级飞羽黑色，外侧三级飞羽白色，并常常缀有褐色。幼鸟和成鸟相似，但上体白色部分大多缀有暗褐色、灰褐色或皮黄色斑点和羽缘。嘴黑色，细长，向上翘。脚蓝灰色，少数个体呈粉红色或橙色。

生物学特征： 多栖息于平原和半荒漠地区的湖泊、水塘和沼泽地，能在沼泽中行走，常活动在水边浅水处，步履缓慢而稳健，边走边啄食。也常将嘴伸入水中或稀泥里面，左右来回扫动觅食。善游泳。繁殖期 5—7 月。每窝产卵 4 枚，黄褐色或赭色，被有黑褐色斑点。

保护级别： 列入《国家保护的有益的或者有重要经济、科学研究价值的陆生野生动物名录》。

（摄影：马鸣）

摄影：马鸣

37. 扇尾沙锥
Gallinago gallinago (L.)

分类地位： 鸻形目鹬科沙锥属

英文名称： Common Snipe

形态特征： 全长约 27 cm，背部及肩羽褐色，有黑褐色斑纹，羽缘乳黄色，形成明显的肩带；头顶冠纹和眉线乳黄色或黄白色，头侧线和贯眼纹黑褐色；前胸黄褐色，具黑褐色纵斑。腹部灰白色，具黑褐色横斑，次级飞羽具有白色宽后缘，翼下具有白色宽横纹。幼鸟和成鸟相似，但翅上覆羽微缀皮黄白色羽缘；虹膜黑褐色，嘴长而直，端部黑褐色，基部黄褐色；上体纵带较窄，脚和趾橄榄绿色，爪黑色。

生物学特征: 常单独或成3～5只的小群活动，飞行敏捷而疾速。主要以昆和软体动物为食，也吃小鱼和杂草种子。多在夜间和黄昏觅食，觅食时常将嘴垂直地插入泥中，有节律地探觅食物。繁殖期 5—7 月。每窝产卵 4 枚，偶尔 3 枚和 5 枚。卵的形状为梨形，颜色为黄绿色或橄榄褐色，被有褐色或紫色斑点。

保护级别： 列入《国家保护的有益的或者有重要经济、科学研究价值的陆生野生动物名录》。

摄影：张翔

38. 白额燕鸥

***Sternula albifrons* (Pallas)**

分类地位： 鸻形目鸥科白额燕鸥属

英文名称： Little Tern

中文别名： 小燕鸥、小海燕

形态特征： 体长 22 ～ 27 cm。夏羽头顶、颈背及贯眼纹黑色，额白。背、肩、腰淡灰色，尾上覆羽和尾羽白色。冬羽头顶白色向后方扩大，黑色减少至月牙形。幼鸟似非繁殖期成鸟但头顶及上背具褐色杂斑，上体灰色，尾白而尾端褐。夏季嘴黄色，尖端黑色；冬季嘴黑色，基部黄，夏季脚橙黄色，冬季黄褐色或暗红色。

生物学特征： 在大陆为夏候鸟。栖息于海岸、河口、沼泽。常集群活动，以鱼虾、水生昆虫为主食。振翼快速，常作徘徊飞行，潜水方式独特，入水快，飞升也快。飞翔时嘴垂直朝下，头不断地左右摆动。繁殖期 5—7 月。每窝产卵 2 ～ 3 枚。卵为梨形，卵为赭色或淡石色，被有小的黑色或紫褐色斑点。

保护级别： 列入《国家保护的有益的或者有重要经济、科学研究价值的陆生野生动物名录》。

（摄影：张翔）

摄影：马鸣

摄影：马鸣

39. 棕头鸥
Larus brunnicephalus **Jerdon**

分类地位： 鸻形目鸥科鸥属

英文名称： Brown-headed Gull

中文别名： 水鸽子、海鸥

形态特征： 中型涉禽，夏羽头淡褐色，在与白色颈的接合处颜色较深，具黑色羽尖，形成一黑色领圈，尤以后颈和喉部明显。眼后缘具窄的白边。背、肩、内侧翅上覆羽和内侧飞羽珠灰色，外侧翅上覆羽白色。冬羽和夏羽相似，但头白色，头顶缀淡灰色，耳覆羽具暗色斑点。虹膜暗褐色或黄褐色，幼鸟几乎白色。嘴、脚深红色，幼鸟黄色或橙色，嘴尖端暗色。

生物学特征： 繁殖期间栖息于海拔 2 000 ～ 3 500 m 的高山和高原湖泊、水塘、河流和沼泽地带，非繁殖期主要栖息于海岸、港湾、河口及山脚平原湖泊、水库和大的河流中。春季于 4—5 月迁到繁殖地，秋季于 9—10 月离开繁殖地。常成群活动。

保护级别： 列入《国家保护的有益的或者有重要经济、科学研究价值的陆生野生动物名录》。

摄影：张翔

40. 红嘴鸥
Larus ridibundus **L.**

分类地位：鸻形目鸥科鸥属

英文名称：Black-headed Gull；Common Black-headed Gull

中文别名：笑鸥、钓鱼郎、水鸽子

形态特征：体长37～43 cm，翼展94～105 cm。脚和趾赤红色，冬时转为橙黄色；爪黑色。夏羽：头至颈上部咖啡褐色，羽缘微沾黑，眼后缘有一星月形白斑；颈下部、上背、肩、尾上覆羽和尾白色，下背、腰及翅上覆羽淡灰色；翅前缘，后缘和初级飞羽白色。嘴暗红色，先端黑色。冬羽：头白色，头顶、后头沾灰，眼前缘及耳区具灰黑色斑，嘴和脚鲜红色；翼前缘白色明显，翼尖黑色几乎无白色点斑。

生物学特征：迁徙性鸟类。栖息于平原和低山丘陵地带的湖泊、河流、水库、河口、鱼塘、海滨和沿海沼泽地带。也出现于森林和荒漠与半荒漠中的河流、湖泊等水域。常停栖于水面或陆地上，以鱼虾、昆虫为食。繁殖期4—6月。每窝产卵通常3枚，卵的颜色为绿褐色、淡蓝橄榄色或灰褐色，被有黑褐色斑。

保护级别：列入《国家保护的有益的或者有重要经济、科学研究价值的陆生野生动物名录》。

（摄影：马鸣）

摄影：马鸣

摄影：马鸣

41. 斑头雁

Anser indicus (Latham)

分类地位： 雁形目鸭科雁属

英文名称： Bar-headed Goose

中文别名： 白头雁、黑纹头雁

形态特征： 成鸟头顶污白色，具棕黄色羽缘，尤其在眼先、额和颊部较深。头顶后部有两道黑色横斑，前一道在头顶稍后，较长，延伸至两眼，呈马蹄铁形状；后一道位于枕部，较短。头部白色向下延伸，在颈的两侧各形成一道白色纵纹；后颈暗褐色。背部淡灰褐色，羽端缀有棕色，形成鳞状斑。颏、喉污白色，缀有棕黄色，前颈暗褐色，胸和上腹灰色，下腹及尾下覆羽污白色，两胁暗灰色，具暗栗色宽端斑。虹膜暗棕色，嘴橙黄色，嘴甲黑色，脚和趾橙黄色。幼鸟头顶污黑色，不具横斑；颈灰褐色，两侧无白色纵纹；胸、腹灰白色，两胁淡灰色，无暗栗色端斑。

生物学特征： 繁殖在高原湖泊，尤喜咸水湖。3 月中旬开始从中国南部越冬地迁往北部和西北部繁殖地，迁徙多在晚上进行，白天休息和觅食。多呈小群迁来，活动在湖边草地或湖中未融化的冰上，并逐渐形成对并在群中出现追逐行为。性喜集群，繁殖期、越冬期和迁徙季节，均成群活动。

保护级别： 列入《国家保护的有益的或者有重要经济、科学研究价值的陆生野生动物名录》。

摄影：张翔

42. 灰雁
Anser anser (L.)

分类地位：雁形目鸭科雁属

英文名称：Greylag Goose

中文别名：大雁、沙鹅、灰腰雁、红嘴雁、沙雁、黄嘴灰鹅

形态特征：大型雁类，体长 70 ～ 90 cm，翼展长 147 ～ 182 cm。体大而肥胖。嘴、脚肉色，上体灰褐色，下体污白色。头顶和后颈褐色；嘴基有一条窄的白纹，繁殖期间呈锈黄色。背和两肩灰褐色，具棕白色羽缘。腰灰色，腰两侧白色。胸、腹杂有不规则的暗褐色斑，由胸向腹逐渐增多。尾上和尾下覆羽白色，尾羽褐色，具白色端斑和羽缘。幼鸟上体暗灰褐色，胸和腹前部灰褐色，没有黑色斑块，两胁也无白色横斑。

生物学特征：迁徙性鸟类。栖于富有芦苇和水草的湖泊、水库、河口、水淹平原、湿草原、沼泽和草地。行走灵活，休息时常用一只脚站立。行动谨慎。繁殖期 4—6 月。营巢于偏僻的水边草丛或芦苇丛，有时也在岛屿、草原和沼泽地上。每窝产卵 4 ～ 8 枚，卵白色、缀有橙黄色斑点。

保护级别：列入《国家保护的有益的或者有重要经济、科学研究价值的陆生野生动物名录》。

（摄影：马鸣）

43. 绿头鸭
Anas platyrhynchos L.

分类地位： 雁形目鸭科鸭属
英文名称： Mallard；Common Mallard
中文别名： 大绿头、大红腿鸭、官鸭、对鸭、大麻鸭、青边
形态特征： 大型游禽，体长 47 ～ 62 cm，外形大小和家鸭相似。雄鸟嘴黄绿色，脚橙黄色，头和颈辉绿色，颈部有一明显的白色领环。上体黑褐色，腰和尾上覆羽黑色，两对中央尾羽也为黑色，且向上卷曲成钩状；外侧尾羽白色。胸栗色。翅、两胁和腹灰白色，具紫蓝色翼镜，翼镜上下缘具宽的白边，飞行时极醒目。雌鸭嘴黑褐色，嘴端暗棕黄色，脚橙黄色和具有的紫蓝色翼镜及翼镜前后缘宽阔的白边等特征。
生物学特征： 多栖息于淡水湖畔，也成群活动于江河、湖泊、水库、海湾和沿海滩涂盐场等水域。很少潜水，游泳时尾露出水面，善于在水中觅食、戏水和求偶交配。喜欢干净，常在水中和陆地上梳理羽毛。杂食。繁殖期 4—6 月，每窝产卵 7 ～ 11 枚，卵白色或绿灰色。
保护级别： 列入《国家保护的有益的或者有重要经济、科学研究价值的陆生野生动物名录》。

（摄影：马鸣）

44. 针尾鸭
Anas acuta L.

分类地位：雁形目鸭科鸭属

英文名称：Northern Pintail

中文别名：尖尾鸭、长尾凫、长闹、拖枪鸭、中鸭

形态特征：中型游禽，属水鸭类。体长 43～72 cm，体重 0.5～1 kg。雄鸭背部满杂以淡褐色与白色相间的波状横斑，头暗褐色，颈侧有白色纵带与下体白色相连，翼镜铜绿色，正中一对尾羽特别延长。雌鸭体型较小，上体大都黑褐色，杂以黄白色斑纹，无翼镜，尾较雄鸟短，但较其他鸭尖长。

生物学特征：飞行迅速。性喜成群，特别是迁徙季节和冬季。主要以草子和其他水生植物为食。繁殖期主要栖息于内陆大型湖泊、流速缓慢的河流、河湾及其附近的沼泽和湿草地。繁殖期 4—7 月。每窝产卵 6～11 枚，卵乳黄色。

保护级别：列入《国家保护的有益的或者有重要经济、科学研究价值的陆生野生动物名录》。

（摄影：马鸣）

摄影：马鸣

45. 白眉鸭
Anas querquedula L.

分类地位：雁形目鸭科鸭属

英文名称：Garganey

中文别名：巡凫、小石鸭、溪的鸭

形态特征：小型游禽，体长 34 ～ 41 cm。雄鸭嘴黑色，头和颈淡栗色，具白色细纹；眉纹白色，宽而长，一直延伸到头后，极为醒目。上体棕褐色，两肩与翅为蓝灰色，肩羽延长成尖形，呈黑白两色。翼镜绿色，前后均衬以宽阔的白边；胸棕黄色而杂以暗褐色波状斑。两胁棕白色而缀有灰白色波浪形细斑，同前后暗色形成鲜明对照。雌鸭上体黑褐色，下体白而带棕；眉纹白色，但不及雄鸭显著。幼鸟似雌鸟，但胸和两胁更多棕色，下体斑纹较多。

生物学特征：迁徙性鸟类。栖息于开阔的湖泊、江河、沼泽、河口、池塘、沙洲等水域中，也出现于山区水塘、河流和海滩上。觅食多在水边浅水处或小型浅水湖泊和水塘中，从不潜水取食。觅食多在夜间。性胆怯而机警，飞行快捷。繁殖期 5—7 月。每窝产卵 8 ～ 12 枚，卵呈长卵圆形，草黄色或黄褐色。

保护级别：列入《国家保护的有益的或者有重要经济、科学研究价值的陆生野生动物名录》。

摄影：向文军

46. 琵嘴鸭

Spatula clypeata (L.)

分类地位： 雁形目鸭科琵嘴鸭属

英文名称： Northern Shoveler；Shoveler

中文别名： 铲土鸭、宽嘴鸭

形态特征： 中型游禽，体长 43 ～ 51 cm。雄鸭头至上颈暗绿色而具光泽，背黑色，背两边以及外侧肩羽和胸白色，且连成一体，翼镜金属绿色，腹和两胁栗色，脚橙红色，嘴黑色，大而扁平，先端扩大成铲状，形态极为特别。雌鸭比雄鸭略小，外貌特征不及雄鸭明显，也有大而呈铲状的嘴。

生物学特征： 迁徙性鸟类。通常栖息于淡水湖畔。以植物为主食，也吃无脊椎动物和甲壳动物。主要通过其呈铲形的嘴在泥土中掘食。行动谨慎。游泳速度不快但很轻盈，岸上行走时笨拙迟缓。通常在南方越冬地配成对，4 月中旬至 4 月末到达中国东北繁殖地。每窝产卵 7 ～ 13 枚，卵淡黄色或淡绿色。

保护级别： 列入《国家保护的有益的或者有重要经济、科学研究价值的陆生野生动物名录》。

（摄影：马鸣）

47. 赤膀鸭
Mareca strepera (L.)

分类地位： 雁形目鸭科鸭属

英文名称： Gadwall

中文别名： 青边仔、漈凫

形态特征： 中型游禽，体长 44 ～ 55 cm。雄鸟嘴黑色，脚橙黄色。头侧及头上部浅白色，满杂以褐色斑点，自嘴基经眼到耳区有一条暗褐色贯眼纹。颈部领圈棕红色，在后颈中部断开。上体暗褐色，背上部具白色波状细纹，腹白色，胸暗褐色而具新月形白斑，翅具宽阔的棕栗色横带和黑白二色翼镜，飞翔时尤为明显。雌鸟嘴橙黄色，嘴峰黑色。上体暗褐色而具白色斑纹，翼镜白色。幼鸟似雌鸟，但翼镜为灰褐色和灰棕色，腹部满杂以褐色斑。

生物学特征： 迁徙性鸟类。栖息于各类内陆水域，尤喜有水生植物的开阔水域。常成小群活动。胆小机警。飞行极快。主要以水生植物为食，觅食时常将头沉入水中，有时也头朝下、尾朝上倒栽在水中取食。繁殖期 5—7 月，营巢于水边草丛或灌木丛中。每窝产卵 8 ～ 12 枚。

保护级别： 列入《国家保护的有益的或者有重要经济、科学研究价值的陆生野生动物名录》。

（摄影：马鸣）

48. 赤麻鸭
Tadorna ferruginea (Pallas)

分类地位： 雁形目鸭科麻鸭属

英文名称： Ruddy Shelduck

中文别名： 黄鸭、黄凫、渎凫、红雁

形态特征： 大型游禽，体长 51 ～ 68 cm，体重约 1.5 kg，比家鸭稍大。全身赤黄褐色，翅上有明显的白色翅斑和铜绿色翼镜；嘴、脚、尾黑色；雄鸟有一黑色颈环。飞翔时黑色的飞羽、尾、嘴和脚、黄褐色的体羽和白色的翼上和翼下覆羽形成鲜明的对照。

生物学特征： 栖息于开阔草原、湖泊、农田等环境中，以各种谷物、昆虫、甲壳动物、蛙、虾、水生植物为食。繁殖期 4—5 月，在草原和荒漠水域附近洞穴中营巢，每窝产卵 6 ～ 15 枚，卵椭圆形，淡黄色，雌鸟负责孵卵。

保护级别： 列入《国家保护的有益的或者有重要经济、科学研究价值的陆生野生动物名录》。

摄影：David Blank

摄影：张翔

49. 翘鼻麻鸭

Tadorna tadorna (L.)

分类地位： 雁形目鸭科麻鸭属

英文名称： Common Shelduck

中文别名： 冠鸭、白鸭、翘鼻鸭、掘穴鸭、潦鸭

形态特征： 大型游禽，体长 52 ～ 63 cm，体重 0.6 ～ 1.7 kg，体形比赤麻鸭略小。体羽大都白色，头和上颈黑色，具绿色光泽；嘴向上翘，红色；繁殖期雄鸟上嘴基部有一红色瘤状物。自背至胸有一条宽的栗色环带。肩羽和尾羽末端黑色，腹中央有一条宽的黑色纵带，其余体羽白色。飞翔时翼上和翼下之白色覆羽，绿色翼镜，黑色的头、飞羽和腹部纵带、棕栗色的胸环和鲜红色的嘴和脚形成鲜明对照。

生物学特征： 主要在淡水湖泊、河流、盐池、盐田及海湾等湿地活动。冬季常数十至上百只结群活动。翘鼻麻鸭食性很杂。繁殖期 5—7 月。每窝产卵 7 ～ 12 枚，卵为椭圆形，浅黄色或奶白色。

保护级别： 列入《国家保护的有益的或者有重要经济、科学研究价值的陆生野生动物名录》。

（摄影：马鸣）

50. 白眼潜鸭
Aythya nyroca (Güldenstädt)

分类地位： 雁形目鸭科潜鸭属

英文名称： Ferruginous Duck；White-eyed Pochard；Ferruginous Pochard

中文别名： 白眼凫

形态特征： 中型游禽，体长 33 ～ 43 cm，体重 0.5 kg 以上不到 1 kg。雄鸟头、颈、胸暗栗色，颈基部有一不明显的黑褐色领环；眼白色，上体暗褐色，上腹和尾下覆羽白色，翼镜和翼下覆羽也为白色，两胁红褐色，肛区两侧黑色。雌鸟与雄鸟基本相似，但色较暗些。在水中时腹部白色虽不可见，但头、颈、胸和两胁的暗栗色，以及肛区两侧的黑色和尾下白色形成明显对照。飞翔时腹中部和翅上、翅下白斑与暗色体羽也形成强烈对比，反差强烈。

生物学特征： 栖居于沼泽及淡水湖泊。杂食性，主要以水生植物和鱼、虾、贝壳类为食。每年 4 月初至 4 月中旬迁到繁殖地。繁殖期 4—6 月。

保护级别： 列入《中国脊椎动物红色名录》（等级：近危）；列入《国家保护的有益的或者有重要经济、科学研究价值的陆生野生动物名录》。

（摄影：马鸣）

摄影：马鸣

摄影：马鸣

51. 赤嘴潜鸭
Netta rufina (Pallas)

分类地位： 雁形目鸭科狭嘴潜鸭属

英文名称： Red-crested Pochard

中文别名： 红嘴潜鸭、大红头

形态特征： 大型游禽，体长 45 ～ 55 cm。雄鸟头浓栗色，具淡棕黄色羽冠。上体暗褐色，翼镜白色，嘴赤红色。下体黑色，两胁白色。雌鸟通体褐色，头的两侧、颈侧以及颏和喉灰白色，飞翔时翼上和翼下大型白斑极为醒目。幼雏的绒羽有明显花纹。

生物学特征： 迁徙性鸟类。栖息在开阔的淡水湖泊、水流较缓的河流与河口地区，也常出现在公路两侧的水泡中，尤喜有水边植物和水较深的淡水湖泊。性迟钝而不甚怕人。常潜入水中觅食藻类、鱼虾等。飞行笨重而迟缓。繁殖期 4—6 月。每窝产卵 6 ～ 12 枚，卵浅灰色或苍绿色。

保护级别： 列入《国家保护的有益的或者有重要经济、科学研究价值的陆生野生动物名录》。

摄影：David Blank

52. 黑颈鹤

Grus nigricollis Przevalski

摄影：马鸣

摄影：马鸣

分类地位：鹤形目鹤科鹤属

英文名称：Black-necked Crane；Tibetan Crane

中文别名：藏鹤、雁鹅、黑雁、干鹅

形态特征：大型涉禽，全长约 120 cm。全身灰白色，颈、腿比较长，头顶和眼先裸出部分呈暗红色，头顶布有稀疏发状羽。除眼后和眼下方具一小白色或灰白色斑外，头的其余部分和颈的上部约 2/3 为黑色。飞羽黑褐色，成鸟两性相似，雌鹤略小。初级飞羽、次级飞羽和三级飞羽均黑褐色，三级飞羽延长并弯曲呈弓形，羽端分枝成丝状，覆盖在尾上。尾羽黑色，羽缘沾棕黄色。肩羽浅灰黑色，先端转为灰白色。其余上体及下体全为灰白色，各羽羽缘沾淡棕色。虹膜黄色，嘴角灰色沾绿，至嘴尖黄色增多；腿和脚黑色。

生物学特征：主要栖息于海拔 2 500 ～ 5 000 m 高原的沼泽地、湖泊及河滩地带。多成群活动。春季于 3 月中下旬迁到繁殖地，秋季于 10 月中旬到达越冬地。每窝产卵通常 2 枚，偶尔也有产 1 枚。

保护级别：国家一级保护动物；列入《中国脊椎动物红色名录》（等级：易危）。

摄影：张翔

53. 灰鹤
Grus grus (L.)

分类地位： 鹤形目鹤科鹤属

英文名称： Common Crane；Crane

中文别名： 千岁鹤、玄鹤、番薯鹤

形态特征： 大型涉禽，体长 100 ～ 120 cm。颈、脚均甚长，全身羽毛大都灰色，在背、腰灰色较深，胸、翅灰色较淡，背常沾有褐色。前额和眼先黑色，被有稀疏的黑色毛状短羽，冠部几乎无羽，裸出的皮肤为红色。眼后至颈侧有一灰白色纵带，脚黑色。幼鸟体羽已呈灰色但羽毛端部为棕褐色，冠部被羽。

生物学特征： 栖息于开阔平原、草地、沼泽、河滩、旷野、湖泊以及农田地带；尤喜富有水边植物的开阔湖泊和沼泽地带。杂食性。3 月中下旬开始迁往繁殖地，9 月末至 10 月初迁往越冬地。活动和觅食时常有一只鹤负责警戒，不时伸颈注视四周，发现有危险，立刻长鸣一声，并振翅飞翔，其他鹤也立刻齐声长鸣，振翅而飞。繁殖期 4—7 月。每窝通常产卵 2 枚，灰褐色，布满大小不等的深褐色斑点及斑块，钝端较密集。

保护级别： 国家二级保护动物；列入《中国脊椎动物红色名录》（等级：近危）。

（摄影：马鸣）

54. 蓑羽鹤
Anthropoides virgo (L.)

分类地位：鹤形目鹤科蓑羽鹤属
英文名称：Demoiselle Crane
中文别名：闺秀鹤
形态特征：大型涉禽，体长 68 ～ 92 cm，是鹤类中个体最小者。通体蓝灰色，眼先、头侧、喉和前颈黑色，眼后有一白色耳簇羽极为醒目。前颈黑色羽延长，悬垂于胸部。脚黑色，飞翔时翅尖黑色。
生物学特征：栖息于开阔平原草地、草甸沼泽、苇塘、湖泊、半荒漠和高原湖泊草甸等各种生境中。杂食性。性胆小而机警，善奔走。繁殖期 4—6 月，每窝产卵 1 ～ 3 枚，通常为 2 枚。卵为椭圆形，淡紫色或粉白色，具深紫褐色斑。
保护级别：国家二级保护动物。

（摄影：马鸣）

55. 黑鹳
Ciconia nigra (L.)

分类地位： 鹳形目鹳科鹳属

英文名称： Black Stork

中文别名： 黑老鹳、乌鹳、锅鹳

形态特征： 大型涉禽。成鸟体长为 1 ～ 1.2 m。嘴长而粗壮，头、颈、脚均甚长，嘴和脚红色。身上的羽毛除胸腹部为纯白色外，其余都是黑色，在不同角度的光线下，可以映出变幻多种颜色。颈具辉亮的绿色光泽。背、肩和翅具紫色和青铜色光泽，胸也有紫色和绿色光泽。前颈下部羽毛延长，形成相当蓬松的颈领。飞翔时头颈向前伸直，两脚并拢，远远伸出于尾后。幼鸟头、颈和上胸褐色，颈和上胸具棕褐色斑点，胸和腹部中央微沾棕色。

生物学特征： 栖息于河流沿岸、沼泽山区溪流附近。不善鸣叫。起飞前需先奔跑一段距离，用力扇动两翅，待获得一定上升力后才能飞起。以鱼为主食，也捕食其他小动物。繁殖期 4—7 月，1 年繁殖 1 窝，每窝通常产卵 4 ～ 5 枚。卵椭圆形，白色、光滑无斑。

保护级别： 国家一级保护动物；列入《中国脊椎动物红色名录》（等级：易危）。

（摄影：马鸣）

56. 大白鹭
Ardea alba L.

分类地位：鹳形目鹭科白鹭属

英文名称：Great Egret；Great White Heron；Great White Egret

中文别名：白鹭鸶、鹭鸶、白漂鸟、大白鹤、白庄、白洼、雪客

同义学名：*Casmerodius albus*；*Egretta alba*

形态特征：大型涉禽，成鸟的夏羽全身乳白色；鸟喙黑色；头有短小羽冠；肩及肩间着生成丛的长蓑羽，一直向后伸展，通常超过尾羽尖端 10 cm 多，有时不超过；蓑羽羽干基部强硬，至羽端渐小，羽支纤细分散。腹部羽毛沾有轻微黄色。嘴和眼先黑色，嘴角有一条黑线直达眼后。冬羽的成鸟背无蓑羽，头无羽冠，虹膜淡黄色。

生物学特征：栖息于海滨、水田、湖泊、红树林及其他湿地。通常 3 月末到 4 月中旬迁到北部繁殖地，10 月初开始迁离繁殖地到南方越冬。以动物性食物为食。在白天活动，活动时颈收缩成 S 形。繁殖期 4—7 月。每窝产卵 3 ～ 6 枚。卵为椭圆形或长椭圆形，天蓝色。

保护级别：列入《国家保护的有益的或者有重要经济、科学研究价值的陆生野生动物名录》。

（摄影：马鸣）

57. 苍鹭
Ardea cinerea L.

分类地位：鹳形目鹭科鹭属

英文名称：Grey Heron；Gray Heron

中文别名：老等、灰鹳、青庄

形态特征：大型涉禽，头、颈、脚和嘴均甚长。上体自背至尾上覆羽苍灰色；尾羽暗灰色；两肩有长尖而下垂的苍灰色羽毛，羽端分散，呈白色或近白色。胸、腹白色；前胸两侧各有一块大的紫黑色斑，沿胸、腹两侧向后延伸，在肛周处汇合。两胁微缀苍灰色。腋羽及翼下覆羽灰色，腿部羽毛白色。眼先裸露部分黄绿色，嘴黄色。幼鸟头颈灰色较浓，背微缀有褐色。

生物学特征：多栖息于江河、溪流、水塘、海岸等水域岸边及其浅水处。主要以动物性食物为食。常分散沿水边浅水处边走边啄食，或是独自站在水边浅水中长时间等候过往鱼群，看到食物立刻伸颈啄之。繁殖期 4—6 月。每窝产卵 3 ～ 6 枚。刚产出卵呈蓝绿色，以后逐渐变为天蓝色或苍白色，形状为椭圆形。

保护级别：列入《国家保护的有益的或者有重要经济、科学研究价值的陆生野生动物名录》。

（摄影：马鸣）

58. 角百灵
Eremophila alpestris (L.)

摄影：马鸣

摄影：石建斌

分类地位：雀形目百灵科角百灵属

英文名称：Hormed Lark；Shore Lark

形态特征：小型鸣禽，中等体型的深色百灵，体长 15 ~ 17 cm，上体棕褐色至灰褐色，前额白色，顶部红褐色，在额部与顶部之间具宽阔的黑色带纹，带纹的后两侧，有黑色羽毛突起于头后如角。眼先、颊、耳羽和嘴基黑色，眉纹白色或淡黄色、与前额白色相连。下体白色，胸具一黑色横带。颊部白色并具有黑色宽阔胸带，尾暗褐色，但外侧 1 对尾羽白色，后爪长而稍弯曲。

生物学特征：栖息于干旱山地、荒漠、草地或岩石上。营巢于草丛基部的地面上或灌木丛中。迁徙季节、非繁殖期和冬季较喜成群。善鸣叫。常作短距离低飞或奔跑，取食昆虫和草籽。繁殖期 5—8 月，每窝产卵 2 ~ 5 枚，卵浅褐色或近白色，上密缀褐色细斑。

保护级别：列入《国家保护的有益的或者有重要经济、科学研究价值的陆生野生动物名录》。

摄影：石建斌

59. 长嘴百灵

Melanocorypha maxima Blyth

分类地位： 雀形目百灵科百灵属

英文名称： Tibetan Lark

中文别名： 藏百灵

形态特征： 小型鸣禽，体长约 21.5 cm，似二斑百灵但体型比较大，尾部甚多白色，胸部的黑色点斑不显著。三级飞羽及次级飞羽羽端的白色明显，外侧尾羽白。虹膜褐色；嘴黄白色，嘴端黑色；脚深褐。后爪长而稍弯曲。雌鸟似雄鸟，但颜色暗淡。它们的嘴比较尖细而呈圆锥状，嘴尖处略有弯曲。鼻孔上有悬羽掩盖。翅膀稍尖长，尾较翅为短，跗跖后缘较钝，具有盾状鳞，后爪长而直。

生物学特征： 青藏高原特有种，栖于海拔 4 000 ～ 4 600 m 湖泊周围的草丛植被。主要以草籽、嫩芽等为食，也捕食昆虫。营巢在土坎、草丛根部地上，用杂草构成，置于地面稍凹处或草丛间，其上有垂草掩蔽。5—6 月产卵。

保护级别： 无

（摄影：马鸣）

60. 细嘴短趾百灵
Calandrella acutirostris A. O. Hume

分类地位： 雀形目百灵科短趾百灵属

英文名称： Hume's Short-Toed Lark

中文别名： 细嘴沙百灵

形态特征： 中小型鸣禽。身长约 14 cm，灰褐色百灵。颈侧具黑色的小块斑，上体具少量近黑色纵纹，短眉纹皮黄色。野外与大短趾百灵易混淆，区别在体羽灰色较重，且深褐色的外侧尾羽羽端白色，但外侧尾羽的白色甚少，眉纹较细，嘴较长而尖。胸部纵纹散布较开。上体满布纵纹且尾具白色的宽边而有别于其他小型百灵。鼻孔上有悬羽掩盖。翅膀稍尖长，尾较翅为短，跗跖后缘较钝，具有盾状鳞，后爪长而直。

生物学特征： 栖息于多裸露岩石的高山两侧及多草的干旱平原。常于地面行走或振翼作柔弱的波状飞行。高飞时直冲入云，在地面善奔走，受惊扰时常藏匿不动。主要以草籽、嫩芽等为食，也捕食昆虫。5—7 月产卵。每次产 3 ～ 5 枚，卵白色或近黄，表面光滑而具褐色细斑。

保护级别： 无

（摄影：马鸣）

61. 高山岭雀
Leucosticte brandti Bonaparte

分类地位： 雀形目燕雀科岭雀属

英文名称： Brandt’s Mountain Finch

形态特征： 头部色深，腰偏粉色。与林岭雀外形及羽色均相似。但头顶色甚深，颈背及上背灰色，覆羽明显为浅色，腰偏粉色。较雪雀色彩都深，嘴灰色，脚深褐色。

生物学特征： 喜高海拔的多岩、碎石地带及多沼泽地区。一般栖息于高寒高原、苔原、草甸草原及山坡草地中。夏季于海拔 4 000 ～ 6 000 m，冬季下降至海拔 3 000 m。结大群，有时与雪雀混群。

保护级别： 无

（摄影：马鸣）

62. 棕背雪雀
Pyrgilauda blanfordi (A. O. Hume)

分类地位：雀形目麻雀科棕背雪雀属

英文名称：Plainbacked Snowfinch

形态特征：体长 15 cm 左右。成鸟眼先、嘴基黑色，并具黑色贯眼纹和眉纹；额白色，中央具一黑色宽阔纵纹；头顶及枕部棕褐，并具黑褐色不规则的斑纹；头侧灰白色，颏和喉部黑色；颈、背、腰、尾上覆羽色较淡，呈棕灰色；腋羽白色；胸部白色沾棕，两侧棕色与颈部相连；腹部及尾下覆沾棕。幼鸟上体颜色较淡，呈橄榄灰色，仅初级覆羽、大覆羽及次级飞羽、尾羽羽缘呈淡棕色；嘴皮黄色，下嘴及跗蹠淡褐色。相比棕颈雪雀脸白。

生物学特征：栖息于 3 000 ～ 5 000 m 的高山、草原、半荒漠地带，干旱多石而矮草丛生的平原地带。与鼠兔繁群共处，冬季与其他雪雀结成大群，于地面奔跑似鼠。繁殖季节多以昆虫为食，兼食杂草种子及植物枝叶，冬季则纯以植物为食。

保护级别：无

（摄影：张翔）

摄影：石建斌

63. 地山雀

Pseudopodoces humilis (A. O. Hume)

分类地位： 雀形目山雀科地山雀属

英文名称： Ground Tit

中文别名： 褐背拟地鸦

形态特征： 体型甚小，19 cm 左右，沙灰色，外表似地鸦的一种山雀。下体近白，眼先斑纹暗色，中央尾羽褐色，外侧尾羽黄白。幼鸟多皮黄色并具皮黄色颈环。虹膜深褐，嘴黑色，脚黑色。

生物学特征： 栖息于林线以上有稀疏矮丛的多草平原及山麓地带，喜牧场，常在住地附近挖洞营巢，两翼及尾抽动有力。飞行显弱且低，两翼不停地扑打，行为似䳭。

保护级别： 无

摄影：马鸣

64. 大朱雀
Carpodacus rubicilla (Güldenstädt)

摄影：张翔

分类地位： 雀形目雀科朱雀属

英文名称： Great Rosefinch

形态特征： 体形较大；体羽深红色；羽中央具白色或粉白色斑点，颊深红色。虹膜暗褐色；嘴黄褐色；脚黑褐色。雄性成鸟头部、颏至上胸光亮洋红色，除眼先和眼周外均具白色光泽斑点，颊及耳羽亮粉红色；颈、背和短的尾上覆羽、小和中覆羽等呈带粉红的黄褐灰色，微具羽干纹；腰粉红色；下体余部粉红色；翼下覆羽和腋羽淡灰而沾红。雌性成鸟上体从头至短的尾上覆羽，肩羽和小、中覆羽黄褐色，具暗色纵纹；长的尾上覆羽和尾羽褐色，外侧一对尾羽具窄的白边，其他尾羽具淡褐色狭边；飞羽黑褐色，具淡灰色羽缘；下体淡灰沾黄，具少量窄的褐色羽干纹。

生物学特征： 见于海拔 3 000 m 以上的山区，单个或成对活动，食物以植物性为主，也吃昆虫。繁殖期 5—7 月，每窝产卵 3 ～ 5 枚；卵呈深蓝色，表面带有紫褐色斑纹。

保护级别： 列入《国家保护的有益的或者有重要经济、科学研究价值的陆生野生动物名录》。

摄影：马鸣

65. 田鸫
Turdus pilaris L.

分类地位：雀形目鸫科鸫属

英文名称：Fieldfare

形态特征：体长约 26 cm，灰色的头及腰部与栗褐色的背部成对比，下体白，胸及两胁满布黑色纵纹，两胁沾不同程度的赤褐，尾深色。虹膜褐色，嘴黄色，脚深褐色。

生物学特征：喧闹，常成群栖于林地及旷野。喜亚高山白桦林，飞行强健有力，会用粪便攻击天敌及闯入者。

保护级别：无

（摄影：马鸣）

66. 黑喉鸫

Turdus atrogularis Jarocki

分类地位： 雀形目鸫科鸫属

英文名称： Black-throated Thrush

中文别名： 黑颈鸫

形态特征： 中型鸟类，体长 20 ～ 24 cm。雄鸟上体暗橄榄灰色，眼先、颊黑褐色，眉纹淡黄白色或眉纹不明显。翅褐色，外甲羽缘灰色，尾黑褐色。颏、喉和上胸黑色，其余下体白色。雌鸟和雄鸟相似，但颏、喉和上胸白色而具黑色条纹。幼鸟上体橄榄色具灰色斑点。下体淡赭色，颏、喉具黑色纵纹，胸和两肋具暗色羽轴纹。嘴褐色，下嘴基部黄色，脚褐色。

生物学特征： 迁徙性鸟类。多生活在低山和山脚平原地带，主要以各种昆虫幼虫为食，也进入水中捕食水中昆虫。繁殖期 5—6 月。巢多筑于树下部和树桩上，有时也在地上筑巢。每窝产卵 4 ～ 7 枚。

保护级别： 无

（摄影：马鸣）

67. 斑鸫
Turdus naumanni Temminck

分类地位： 雀形目鸫科鸫属

英文名称： Dusky Thrush；Naumann's Thrush

形态特征： 中型鸟类，体长 20 ～ 24 cm。有 2 亚种，其羽色变化较大，其中北方亚种体色较暗，上体从头至尾暗橄榄褐色杂有黑色；下体白色，喉、颈侧、两胁和胸具黑色斑点，有时在胸部密集成横带；两翅和尾黑褐色，翅上覆羽和内侧飞羽具宽的棕色羽缘；眉纹白色，翅下覆羽和腋羽辉棕色。

生物学特征： 迁徙性鸟类。主要栖息于林缘灌丛地带，以昆虫为食；活跃大胆，不怯人。一般在地上活动和觅食，边跳跃觅食边鸣叫。繁殖期 5—8 月。通常营巢于树干水平枝杈上，也在树桩或地上营巢，偶尔在悬崖边营巢。每窝产卵 4 ～ 7 枚。卵淡蓝绿色、被有褐色斑点。

保护级别： 列入《国家保护的有益的或者有重要经济、科学研究价值的陆生野生动物名录》。

（摄影：马鸣）

68. 赭红尾鸲

Phoenicurus ochruros (S. G. Gmelin)

摄影：张翔

分类地位： 雀形目鹟科红尾鸲属

英文名称： Black Redstart

形态特征： 小型鸟类，体长 13 ～ 16 cm。雄鸟前额、头侧、颈侧、颏至胸概黑色，头顶和背灰色或黑色，腰、尾上覆羽、尾下覆羽、外侧尾羽和腹栗棕色，中央尾羽褐色，两翅黑褐色。雌鸟上体和两翅淡褐色，尾上覆羽和外侧尾羽淡棕色，中央尾羽褐色，下体浅棕褐色。

生物学特征： 栖息于海拔 2 500 ～ 4 500 m 的高山针叶林和林线以上的高山灌丛草地、高原草地、河谷、有稀疏灌木生长的岩石草坡、荒漠与村庄附近的小块林内。除繁殖期成对外，平时多单独活动。主要以昆虫为食，也吃植物。繁殖期 5—7 月，每窝产卵 4 ～ 6 枚，卵淡绿蓝色或天蓝色、光滑无斑或仅钝端具少许稀疏的黑褐色斑点。

保护级别： 无

摄影：马鸣

69. 红腹红尾鸲

Phoenicurus erythrogastrus **(Güldenstädt)**

分类地位： 雀形目鸫科红尾鸲属

英文名称： White-winged Redstart

形态特征： 体大（约 18 cm）而色彩醒目的红尾鸲。雄鸟似北红尾鸲但体型较大，头顶及颈背灰白，尾羽栗色。翼上白斑甚大，黑色部位于冬季有烟灰色的缘饰。雌鸟似雌性欧亚红尾鸲但体型较大，褐色的中央尾羽与棕色尾羽对比不强烈。翼上无白斑。具点斑羽衣的幼鸟已具明显的白色翼斑。虹膜褐色；嘴黑色；脚黑色。

生物学特征： 耐寒，栖息于高海拔。性惧生而孤僻。有时觅食动物尸体上的昆虫。雌鸟冬季往较低海拔处迁移，但雄鸟仍留居高海拔，有时在雪中找食。

保护级别： 无

（摄影：马鸣）

70. 红胁蓝尾鸲
Tarsiger cyanurus (Pallas)

分类地位： 雀形目鸫科鸲属

英文名称： Red-flanked Bush Robin

中文别名： 蓝点冈子、蓝尾巴根子、蓝尾杰、蓝尾欧鸲

形态特征： 小型鸟类，体长 13 ～ 15 cm。特征为橘黄色两胁与白色腹部及臀成对比。雄鸟上体蓝色，眉纹白；头顶两侧、翅上小覆羽和尾上覆羽特别鲜亮呈辉蓝色。尾主要为黑褐色，中央一对尾羽具蓝色羽缘，外侧尾羽仅外翈羽缘稍沾蓝色，飞羽暗褐色或黑褐色。亚成鸟及雌鸟褐色，尾蓝。雌鸟与雌性蓝歌鸲的区别在喉褐色而具白色中线，而非喉全白，两胁橘黄而非皮黄。

生物学特征： 迁徙性鸟类。主要为地栖性，多在林下地上奔跑或在灌木低枝间跳跃，性甚隐匿。主要营巢于海拔 1 000 m 以上比较茂密的暗针叶林和岳桦林中。5 月中下旬到 6 月下旬营巢，巢筑好后即开始产卵。每窝产卵通常 4 ～ 7 枚，卵为白色椭圆形、钝端被有红褐色细小斑点，常密集于一圈呈环状。

保护级别： 无

（摄影：马鸣）

摄影：马鸣

71. 花彩雀莺
Leptopoecile sophiae Severtsov

分类地位： 雀形目莺科雀莺属

英文名称： White-browed Tit-warbler

形态特征： 体小（约 10 cm），全身毛茸茸、偏紫色。顶冠棕色，眉纹白。雄鸟头顶中央向后颈栗红色；前额及两侧乳黄色；背及两肩稍沾沙色的灰色；腰及尾上覆羽呈带有紫色的辉蓝色；眉纹淡黄色，自嘴起一道黑褐色斑纹，通过眼睛直到耳羽上方；翼羽沙褐色，飞羽的外边缘灰蓝色；颏栗色，胸及颈侧、两胁呈带栗色的辉蓝色；腹部乳黄色，尾下覆羽栗色。雌鸟颜色较淡且不具紫兰辉色。头呈淡赤褐色，头侧以及下体羽毛概呈淡茶色；两胁稍沾染蓝色。虹膜玫瑰红色；嘴及跗蹠黑色。

生物学特征： 栖息于矮小灌丛，夏季于林线以上至海拔 4 600 m，冬季下至海拔 2 000 m。繁殖期外结群生活。飞行弱。常下至地面。以昆虫为食。

保护级别： 无

摄影：Oleg Belyalov

72. 漠䳭
Oenanthe deserti (Temminck)

分类地位： 雀形目鹟科䳭属
英文名称： Desert Wheatear；Black-throated Desent
中文别名： 漠即鸟、黑喉石栖鸟
形态特征： 体型略小，体长 14 ～ 15.5 cm，呈沙黄色。尾黑，翼近黑。雄鸟脸侧、颈及喉黑色。头侧近黑，但颏及喉白色。
生物学特征： 一般栖息于海拔 2 500 ～ 4 000 m ，栖息生境主要为多石的平原、山地砾漠、干旱荒漠、山地荒漠、荒漠和半荒漠地带。常栖于低矮植被。甚惧生。雄鸟在近巢处作简短的振翼炫耀飞行。于地面齐足跳行。常飞至岩石后藏身。
保护级别： 无

（摄影：马鸣）

73. 棕背伯劳
***Lanius schach* L.**

分类地位： 雀形目伯劳科伯劳属

英文名称： Long-tailed Shrike

中文别名： 海南鵙、大红背伯劳、桂来姆

形态特征： 中型鸣禽，体长 23～28 cm。喙粗壮而侧扁，先端具利钩和齿突，嘴须发达；翅短圆；尾长，圆形或楔形；跗跖强健，趾具钩爪。头大，背棕红色。尾长、黑色，外侧尾羽皮黄褐色。两翅黑色具白色翼斑，额、头顶至后颈黑色或灰色、具黑色贯眼纹。下体颏、喉白色，其余下体棕白色。

生物学特征： 栖息于低山丘陵和山脚平原地区。性凶猛。肉食性。叫声悦耳，有时边鸣唱边从树顶端向空中飞出数米，快速地扇动两翅，然后又停落到原处。繁殖期 4—7 月，在树上筑碗状巢，每窝产卵 3～6 枚，卵为淡青色、乳白色、粉红色或淡绿灰色，被有大小不一的褐色或红褐色斑点。

保护级别： 列入《国家保护的有益的或者有重要经济、科学研究价值的陆生野生动物名录》。

（摄影：马鸣）

74. 渡鸦
Corvus corax L.

分类地位：雀形目鸦科鸦属

英文名称：Common Raven；Northern Raven；Raven

中文别名：老鸹、渡鸟、胖头鸟

形态特征：渡鸦是数种鸟喙厚并具有黑色羽毛的鸟类统称，成鸟身长 56～69 cm，翼展 116～118 cm。羽毛光亮，带有蓝色或紫色光辉。喙很大并略微弯曲，楔形的尾巴明显分层，虹膜深褐色。颈羽长尖，脚爪淡褐灰色。幼鸟的羽毛相似但较深，自颏至上胸、颈侧、下腹羽为黑褐，羽片松散，虹膜暗褐，嘴、跗蹠和趾黑色。虹膜蓝灰色。

生物学特征：可以在不同的气候下生存。飞行有力，随气流翱翔，有时在空中翻滚。嘈杂，聪明。时常攻击并杀伤其他猛禽。可以模仿环境的声音，包括人类的说话声。一般营巢于大树顶上或悬崖上，一般2月产卵，寒冷气候中会较迟。每次产卵3～7枚，具青绿色及褪色斑点。

保护级别：列入《国家保护的有益的或者有重要经济、科学研究价值的陆生野生动物名录》。

（摄影：马鸣）

75. 红翅旋壁雀

Tichodroma muraria **(L.)**

分类地位：雀形目旋壁雀科旋壁雀属

英文名称：Wallcreeper

中文别名：爬树鸟、石花儿、爬岩雀

形态特征：体型略小（约 16 cm）的优雅灰色鸟。尾短而嘴长，翼具醒目的绯红色斑纹。繁殖期雄鸟脸及喉黑色，雌鸟黑色较少。非繁殖期成鸟喉偏白，头顶及脸颊沾褐。飞羽黑色，外侧尾羽羽端白色显著，初级飞羽两排白色点斑飞行时呈带状。虹膜深褐色；嘴黑色；脚棕黑色。

生物学特征：非树栖高山型，栖息在悬崖和陡坡壁上，常在岩崖峭壁上攀爬，两翼轻展显露红色翼斑。冬季下至较低海拔，甚至于建筑物上取食。

保护级别：无

（摄影：马鸣）

76. 褐岩鹨

Prunella fulvescens (Severtsov)

分类地位：雀形目岩鹨科岩鹨属

英文名称：Brown Accentor

形态特征：小型鸟类，体长 13 ～ 16 cm。头褐色或暗褐色，有一长而宽的眉纹从嘴基到后枕、白色或皮黄白色，在暗色的头部极为醒目。眼先、颊、耳羽黑色。腰和尾上覆羽淡褐色无纵纹。背、肩灰褐或棕褐色具暗褐色纵纹。颏、喉白色，其余下体淡棕黄色或皮黄白色。虹膜黄色到暗褐色，嘴黑色或暗角褐色，嘴基较淡，脚肉色或黄褐色。

生物学特征：主要栖息于海拔 2 500 ～ 4 500 m 的高原草地、荒野、农田、牧场，有时甚至进到居民点附近。在地上、岩石上或灌丛中活动和寻食。繁殖期 5—7 月。营巢于岩石下、土堆旁和灌木丛中。每窝产卵 4 ～ 5 枚，卵淡蓝色。

保护级别：无

（摄影：马鸣）

77. 白鹡鸰
Motacilla alba L.

分类地位： 雀形目鹡鸰科鹡鸰属

英文名称： White Wagtail

中文别名： 白颤儿、白面鸟、白颊鹡鸰、眼纹鹡鸰、点水雀、张飞鸟

形态特征： 小型鸣禽，全长约 18 cm，翼展 31 cm。体羽为黑白二色。额头顶前部和脸白色，头顶后部、枕和后颈黑色。背、肩黑色或灰色，飞羽黑色。翅上小覆羽灰色或黑色，中覆羽、大覆羽白色或尖端白色，在翅上形成明显的白色翅斑。尾长而窄，尾羽黑色，最外两对尾羽主要为白色。颏、喉白色或黑色，胸黑色，其余下体白色。虹膜黑褐色，嘴和跗蹠黑色。

生物学特征： 栖息于村落、河流、小溪、水塘等附近。以昆虫为食。觅食时地上行走，或在空中捕食昆虫。飞行时呈波浪式前进，停息时尾部不停上下摆动。繁殖期 3—7 月，筑巢于屋顶、洞穴、石缝等处，每窝产卵 4 ～ 5 枚，灰白色、被淡褐色斑。

保护级别： 列入《国家保护的有益的或者有重要经济、科学研究价值的陆生野生动物名录》。

（摄影：马鸣）

摄影：马鸣

Ⅲ哺乳类

78. 雪豹

Panthera uncial Schreber

分类地位： 食肉目猫科雪豹属

英文名称： Snow Leopard

中文别名： 草豹、艾叶豹、荷叶豹、打马热

形态特征： 全身灰白色，布满黑斑。眼虹膜呈黄绿色，舌面长有许多端部为角质化的倒刺，舌尖和舌缘的刺形成许多肉状小突。前足 5 趾、后 4 趾。前足比后足宽大，趾端具角质化硬爪、略弯，尖端锋利。趾间、掌垫与趾间均具有较浓而长的粗毛。颅形稍宽而近于圆形。鼻骨短宽，其前端尤为宽大。上颌骨额突呈三角形，且超过鼻骨的后端。成兽的人字嵴高耸，尤老体更为显著。异状骨的突起向后伸出，尖而细直。

生物学特征： 常在雪线附近和雪地间活动。夜行性，昼伏夜出。平时独栖，仅在发情期前后才成对居住，一般有固定的巢穴。配偶期多在冬末 1—3 月。一般在 4 月中旬或 6 月初产仔，每胎 3 ～ 5 仔。

保护级别： 国家一级保护动物；列入《世界自然保护联盟濒危物种红色名录》（等级：濒危）；列入《中国脊椎动物红色名录》（等级：濒危）。

摄影：张翔

79. 兔狲
Felis manul (Pallas)

分类地位： 食肉目猫科兔狲属

英文名称： Pallas’s Cat

中文别名： 洋猞猁、乌伦、玛瑙、玛瑙勒

形态特征： 体长 50 ～ 65 cm，体重 2 kg。体形粗壮而短，大小似家猫。额部较宽，吻部很短，瞳孔为淡绿色。耳短宽，耳尖圆钝，两耳距离较远，耳背为红灰色。全身被毛极密而软。背中线棕黑色，体后部有较多隐暗的黑色细横放，头部灰色，带有一些黑斑，颊部有两个细黑纹，下颌黄白色，体腹面乳白色，颈下方和前肢之间浅褐色，四肢颜色较背部稍淡，也有 2 ～ 3 条短而模糊的黑色横放，尾巴粗圆，长度为 20 ～ 30 cm，上面有明显的 6 ～ 8 条黑色的环细纹，尾巴的尖端长毛为黑色。

生物学特征： 栖息于沙漠、荒漠、草原或戈壁地区。夜行性，多在黄昏开始活动和猎食。叫声似家猫，但较粗野。主要以鼠类为食，也吃野兔、鼠兔、沙鸡等。每年早春发情，夏初产仔，一般每胎三四头，最多的一次可产 6 仔。

保护级别： 国家二级保护动物；列入《中国脊椎动物红色名录》（等级：濒危）。

（摄影：张翔）

80. 猞猁

Lynx lynx (L.)

摄影：张翔

分类地位： 食肉目猫科猞猁属

英文名称： Eurasian Lynx

中文别名： 欧亚猞猁、林曳、猞猁狲、马猞猁、山猫、野狸子

形态特征： 体型似猫而远大于猫，体长 80 ～ 130 cm，身体粗壮，四肢较长，尾极短粗，尾尖呈钝圆。耳基宽。眼周毛色发白，两颊具下垂的长毛，有 2 ～ 3 列明显的棕黑色纵纹。耳尖生有黑色耸立簇毛。腹毛也很长。背部的毛发最厚，身上或深或浅点缀着深色斑点或者小条纹。上体浅棕、土黄棕、浅灰褐或麻褐色，或为灰白而间杂浅棕色调；腹面浅白、黄白或沙黄色。尾端呈黑色。

生物学特征： 栖息生境极富多样性，巢穴多筑在岩缝石洞或树洞内。生活在森林灌丛地带，密林及山岩上较常见。喜独居，长于攀爬及游泳，耐饥性强，夜行性，活动隐蔽，每年 2—4 月交配，妊娠期 2 个月左右，每胎 2 ～ 4 仔。

保护级别： 国家二级保护动物；列入《中国脊椎动物红色名录》（等级：濒危）。

摄影：马鸣

81. 豺
Cuon alpinus (Pallas)

分类地位：食肉目犬科豺属

英文名称：Red Dog

中文别名：印度野犬、亚洲野犬

形态特征：大小似犬而小于狼，体长 85 ～ 130 cm，尾长 45 ～ 50 cm，体重 10 ～ 20 kg。吻较狼短而头较宽，耳短而圆，身躯较狼为短。四肢较短，尾比狼略长，但不超过体长的一半，其毛长而密，略似狐尾。背毛红棕色，毛尖黑色，腹毛较浅淡。下臼齿每侧仅 2 枚。

生物学特征：既能抗寒，也能耐热，但以有林的山地、丘陵为其主要的栖息地。群居性。集体猎食，常以围攻的方式。交配季节一般发生在 9 月至次年 2 月，在繁殖季节，雄兽和雌兽多成对活动。产仔则在冬季，每胎产 4 ～ 6 仔，最多为 9 仔。初生的幼仔背有深褐色的绒毛。

保护级别：国家二级保护动物；列入《中国脊椎动物红色名录》（等级：濒危）。

（摄影：董世魁）

82. 狼
Canis lupus L.

分类地位：食肉目犬科犬属

英文名称：Wolf

中文别名：野狼、豺狼、灰狼

形态特征：体型中等、匀称，四肢修长，趾行性，利于快速奔跑。头腭尖形，颜面部长，鼻端突出，耳尖且直立。犬齿及裂齿发达；上臼齿具明显齿尖，下臼齿内侧具一小齿尖及后跟尖；臼齿齿冠直径大于外侧门齿高度。毛粗而长。前足 4 ～ 5 趾，后足一般 4 趾；爪粗而钝，不能或略能伸缩。尾多毛，较发达。外形与狗、豺相似，足长体瘦，斜眼，上颚骨尖长，嘴巴宽大弯曲，耳竖立，胸部略窄小，尾挺直状下垂夹于两后腿之间。毛色随产地而异，多毛色棕黄或灰黄色，略混黑色，下部带白色。

生物学特征：栖息于森林、沙漠、山地、寒带草原、针叶林、草地。夜间活动多，嗅觉敏锐，听觉很好。机警，多疑，善奔跑，耐力强，通常群体行动。每年 2—4 月开始交配。

保护级别：列入《国家保护的有益的或者有重要经济、科学研究价值的陆生野生动物名录》；列入《中国脊椎动物红色名录》（等级：近危）。

（摄影：马鸣）

83. 藏狐

***Vulpes ferrilata* Hodgson**

分类地位： 食肉目犬科狐属

英文名称： Tibetan Fox

中文别名： 西沙狐、抄狐、草地狐、藏沙狐

形态特征： 体型与赤狐相近，但背部呈褐红色，腹部白色；体侧有浅灰色宽带；与背部和腹部明显区分。有明显的窄淡红色鼻吻，头冠、颈、背部、四肢下部为浅红色。耳小，耳后茶色，耳内白色；下腹部为淡白色到淡灰色。尾蓬松，除尾尖白色外其余灰色。尾长小于头体长的 50%。上颌骨狭窄，牙齿发达，犬齿较长，眶前孔的前缘到吻尖的距离长于左右臼齿间的宽度。

生物学特征： 栖息于海拔达 2 000 ～ 5 200 m 的高山草甸、高山草原、荒漠草原和山地的半干旱到干旱地区。昼行性，独居。主要在早晨和傍晚活动，食物主要为鼠兔和啮齿类。交配季开始于 2 月末至 3 月初，每胎产 2 ～ 5 仔，4—5 月幼仔诞生。

保护级别： 列入《国家保护的有益的或者有重要经济、科学研究价值的陆生野生动物名录》；列入《中国脊椎动物红色名录》（等级：近危）。

（摄影：张翔）

84. 赤狐

Vulpes vulpes (L.)

分类地位： 食肉目犬科狐属

英文名称： Red Fox，Silver Fox，Cross Fox

中文别名： 红狐、火狐、南狐、草狐

形态特征： 全长约 70 cm，毛色因季节和地区不同有较大变异，一般背面棕灰或棕红，腹部白色或黄白，尾梢白色，耳背面黑色或黑褐色，四肢外侧黑色条纹延伸至足面。耳较大，高而尖，直立。四肢较短，尾较长，略超过体长之半。尾形粗大，覆毛长而蓬松，足掌长有浓密短毛，躯体覆有长的针毛，冬毛具丰盛的底绒。幼年毛色呈浅灰褐色。

生物学特征： 独居于土穴、树洞或岩石缝，繁殖季节住在窝里，窝为地洞，洞口直径 25 ～ 30 cm，一般在向阳的山坡上。一般日伏夜出，单独活动。生性狡猾，行动敏捷，危急时会分泌恶臭或装死。随机杂食。3—4 月产仔，每胎多为 5 ～ 6 仔，幼仔皮毛黑短，软弱无力。

保护级别： 列入《国家保护的有益的或者有重要经济、科学研究价值的陆生野生动物名录》；列入《中国脊椎动物红色名录》（等级：近危）。

（摄影：张翔）

85. 石貂
Martes foina (Erxleben)

分类地位：食肉目鼬科貂属
英文名称：Stone Marten
中文别名：岩貂、扫雪（仅陕北）、榉貂、狸狐
形态特征：中小形兽，大小如成年家猫而体形细长，躯干粗壮，四肢粗短，后肢略长于前肢，尾长超过后肢，短于或略长于体长之半；头骨外形狭长，头部呈三角形，吻鼻部尖，鼻骨狭长而中央略低凹，眶后突及颧骨突明显。耳直立圆钝；足掌被毛；前后肢均具五趾，趾短，微具蹼，趾垫 5 枚，掌垫 3 枚，爪尖利而弯曲。石貂全身被毛较短，毛色为单一灰褐或淡棕褐色，绒毛丰厚。喉、胸部具有明显的块斑，鲜明白色或略带棕色斑点，与周围毛色明显区分；尾蓬松而端毛尖长。
生物学特征：陆栖（也可能有半树栖）生活，穴居洞内，多昼伏夜出。食性很广，主要以鸟、鼠为食。每年 7—8 月多为交配期，次年 3—4 月中旬分娩，每胎产仔 1 ～ 8 只。
保护级别：国家二级保护动物；列入《中国脊椎动物红色名录》（等级：濒危）。

（摄影：张翔）

86. 狗獾
Meles leucurus Hodgson

分类地位： 食肉目鼬科獾属

英文名称： Badger；Brock

中文别名： 獾、獾八狗子

形态特征： 体长 45 ～ 55 cm。头扁、鼻尖、耳短，颈短粗，尾巴较短，四肢短而粗壮，背毛硬而密，基部为白色，近末端的一段为黑褐色，毛尖白色，体侧白色毛较多。头部有白色纵毛三条；面颊两侧各一条，中央一条由鼻尖到头顶。下颌、喉部和腹部以及四肢都呈棕黑色。

生物学特征： 多栖息在丛山密林、坟墓荒山、溪流湖泊，山坡丘陵的灌木丛中。单独或结小群生活，夜行，杂食，穴居，善挖洞，洞的直径约 1.5 m，长约 10 m。每年繁殖一次，春季产仔，每胎 2 ～ 5 只。

保护级别： 列入《国家保护的有益的或者有重要经济、科学研究价值的陆生野生动物名录》；列入《中国脊椎动物红色名录》（等级：近危）。

（摄影：张翔）

87. 香鼬
Mustela altaica Pallas

分类地位： 食肉目鼬科鼬属

英文名称： Pale Weasel

中文别名： 香鼠

形态特征： 体长 20 ～ 28 cm，尾长 11 ～ 15 cm。躯体细长。颈部较长。四肢较短。尾毛比体毛长，略蓬松。跖部毛被稍长。掌、趾垫均裸露。夏季上体毛色从枕部向后经脊背至尾背及四肢前面为棕褐色。面部毛色暗，呈栗棕色。腹部自喉向后直到鼠蹊及四肢内侧，为淡棕色，与体背形成明显毛色分界。腹部白色毛尖带淡黄色调。上唇缘、下唇缘、颊部及耳基白色。耳背棕色。冬毛背腹界线不清，几乎呈一致黄褐色。尾近末端毛色偏暗。

生物学特征： 栖息于山地森林、平原农田等地带。主要以小型啮齿动物为食，喜穴居，善奔跑、游泳和爬树。5—6 月生产，每胎产 6 ～ 8 仔。

保护级别： 列入《国家保护的有益的或者有重要经济、科学研究价值的陆生野生动物名录》；列入《中国脊椎动物红色名录》（等级：近危）。

（摄影：马鸣）

88. 藏马熊（西藏棕熊）

Ursus arctos pruinosus Blyth

摄影：刘全儒

分类地位：食肉目熊科棕熊属棕熊种西藏棕熊亚种

英文名称：Horse bear；Tibetan Blue Bear

中文别名：蓝熊、西藏蓝熊

形态特征：躯体粗壮强健，体长 1.8 ~ 2.1 m，肩宽约 1 m。头宽而吻尖长，耳壳圆形，肩高超过臀高，站立时肩部隆起，尾短，前足腕垫不与掌垫相连，毛被丰厚，色以棕褐色为主，毛色有棕褐色、褐黑色、污白色、褐黄色等，老年熊呈银灰色；幼年为棕黑色，颈部有一白色领环。脚掌裸露，具厚实的足垫。胸前有一个大的白色月牙形斑，一直向背延伸到肩部。四肢通常是黑色，也有淡色的。爪色随四肢色而变化，但多为淡色。两耳和四肢一般呈黑褐色。

生物学特征：主要栖息在山区的森林带，在青藏高原甚至可达海拔 4 500 ~ 5 000 m。性凶猛而力大，独居，有冬眠习性。食性杂，主要以翻掘洞穴的方法捕食鼠兔和旱獭，也吃雏鸟、家畜、没有腐烂的动物尸体和植物籽实及蜂蜜等。1—2 月产仔，通常每胎 1 ~ 2 仔。

保护级别：国家二级保护动物；列入《中国脊椎动物红色名录》（等级：易危）。

摄影：刘全儒

摄影：马鸣

摄影：马鸣

89. 岩羊

Pseudois nayaur (Hodgson)

分类地位： 偶蹄目牛科岩羊属

英文名称： Blue Sheep

中文别名： 崖羊、半羊、石羊、青羊、山盘羊、兰羊、欠那、那瓦、贡那

形态特征： 体长 120 ～ 140 cm。头部长而狭，耳朵短小。通身均为青灰色，吻部和颜面部为灰白色与黑色相混，胸部为黑褐色。腹部和四肢的内侧则呈白色或黄白色。体侧的下缘从腋下开始，一直到后肢的前面蹄子上边，有一条明显的黑纹。臀部和尾巴的底部为白色，尾巴背面末端的三分之二为黑色。雄性和雌性兽都有角，但雌性的角仅有 13 cm 左右，基部扁，角形直，往上逐渐变得尖细；雄性的角长度为 60 cm 左右，先向上，再向两侧分开外展，然后在一半处稍向后弯，角尖略微偏向上方，末端尖细，角基部略有一些粗而模糊的横棱。

生物学特征： 栖息在海拔 2 100 ～ 6 300 m 的高山裸岩地带，身体的颜色与草地上的裸露岩石极难分辨，因而有保护作用。主要以高山荒漠植物和灌木的枝叶为食。每年冬季 12 月至次年 1 月发情交配。6—7 月产仔。

保护级别： 国家二级保护动物。

摄影：张翔

摄影：张翔

90. 藏羚羊

Pantholops hodgsoni (Abel)

分类地位： 偶蹄目牛科藏羚属

英文名称： Tibetan Antelope

中文别名： 长角羊

形态特征： 体长 130 ～ 140 cm，角长 50 ～ 65 cm，体重 40 ～ 60 kg。雄性有角，角黑色，基部近，长而略弯曲，前侧有棱状突起，雌性无角。躯干平直；四肢强健；尾短。身体颜色以淡褐色为主，被毛致密，雄性面部棕黑色，头顶及耳白色，下颌，颈部下方，腹部及四肢内侧毛色浅。

生物学特征： 栖息于高寒荒漠或高寒草原，群居，季节性迁徙。每年 11 月中旬到 12 月中旬是藏羚的交配期，次年 6 月中旬到 7 月上旬产仔。

保护级别： 国家一级保护动物；列入《中国脊椎动物红色名录》（等级：近危）。

（摄影：张翔）

91. 藏原羚

Procapra picticaudata Hodgson

分类地位： 偶蹄目牛科原羚属

英文名称： Tibetan Gazelle

中文别名： 原羚、小羚羊、西藏黄羊

形态特征： 全长 91 ～ 105 cm，肩高 54 ～ 65 cm，重量 13 ～ 16 kg。体格矫健，四肢纤细，蹄狭窄，行动敏捷。吻部短宽，前额高突，眼大而圆，耳短小，尾短，雄性有一对较细小的角，雌体无角。眼眶发达，呈管状，泪骨狭长，前缘几呈方形。后缘凹而形成眼眶的前缘，上缘边缘凸起，但不与鼻骨相接触。通体被毛厚而浓密，毛形直而稍粗硬。头额、四肢下部色较浅，呈灰白色，吻部、颈、体背、体侧和腿外侧灰褐色，臀部白色，尾背黑色，尾下及尾侧白色，胸、腹部、腿内侧乳白色。

生物学特征： 栖息于海拔 2 300 ～ 5 750 m 的高山草甸、亚高山草原草甸及高山荒漠地带。主要以莎草科和禾本科植物及经绒蒿等草类为食。清晨、傍晚为主要的摄食时间。发情期为冬末春初，每年繁殖一次，7—8 月生产，每胎产 1 仔，偶尔产 2 仔。

保护级别： 国家二级保护动物；列入《中国脊椎动物红色名录》（等级：近危）。

（摄影：张翔）

92. 盘羊
Ovis ammon (L.)

分类地位：偶蹄目牛科盘羊属

英文名称：Wild Sheep；Argali；Arkhar

中文别名：盘角羊、大角羊、大头羊

形态特征：盘羊躯体粗壮，体长 1.2～2 m，肩高等于或低于臀高。头大颈粗，尾短小。四肢粗短，蹄的前面特别陡直，适于攀爬于岩石间。通体被毛粗而短，唯颈部披毛较长。体色一般为褐灰色或污灰色，脸面、肩胛，前背呈浅灰棕色，耳内白色部浅黄色。雌雄均有角，雄性角特别大，呈螺旋状扭曲一圈多；雄羊角形成明显螺旋状角形。

生物学特征：分布于海拔 1 500 ～ 5 500 m，喜在半开旷的高山裸岩带及起伏的山间丘陵生活。群聚动物，在发情期外雄羊和雌羊各自形成 5 ～ 10 头羊组成的群。发情期在冬季，次年 5—6 月产仔，每胎产仔 1 ～ 3 只。

保护级别：国家二级保护动物。

（摄影：张翔）

93. 鹅喉羚
Gazella subgutturosa (Güldenstädt)

分类地位： 偶蹄目牛科瞪羚属

英文名称： Goitered Gazelle

中文别名： 长尾黄羊

形态特征： 颈细而长，雄兽颈下有甲状腺肿，形似鹅喉。上体毛色沙黄或棕黄，吻鼻部由上唇到眼平线白色，有的个体略染棕黄色调，额部、眼间至角基及枕部均棕灰，其间杂以少许黑毛，耳外面沙黄，下唇及喉中线也为白色，而与胸部、腹部及四肢内侧的白色相连。

生物学特征： 栖息在海拔 300 ～ 6 000 m 的干燥荒凉的沙漠和半沙漠地区。善奔跑，植食性。冬季发情交配，怀孕期约半年，每胎产 1 ～ 2 仔。

保护级别： 国家二级保护动物。

（摄影：马鸣）

94. 野牦牛
Bos mutus Przewalski

分类地位：偶蹄目牛科牛属

英文名称：Yak; Wild Yak

中文别名：髦牛、亚归

形态特征：体形笨重、粗壮，体长 200 ～ 260 cm，体重 500 ～ 600 kg，雄性个体明显大于雌性个体。头形稍狭长，脸面平直，鼻唇面小，耳相对小，颈下无垂肉，四肢粗壮，蹄大而宽圆，肩部中央有显著凸起的隆肉，故站立时显得前高后低 。野牦牛头脸、上体和四肢下部的被毛短而致密，体侧下部、肩部、胸腹部及腿部均被长毛，其长可达 40 cm。尾部长毛形成簇状，下垂到踵部。头上的角为圆锥形，表面光滑，先向头的两侧伸出，然后向上、向后弯曲，角尖略向后弯曲，如同月牙一般。角的长度通常为 40 ～ 50 cm。

生物学特征：栖息于海拔 3 000 ～ 6 000 m 的高山草甸地带，人迹罕至的高山大峰、山间盆地、高寒草原、高寒荒漠草原等各种环境中。喜群居生活。野牦牛的发情期为 9—11 月，雌兽的怀孕期为 8 ～ 9 个月，次年 6—7 月产仔，每胎产 1 仔。

保护级别：国家一级保护动物；列入《中国脊椎动物红色名录》（等级：易危）。

（摄影：张翔）

95. 藏野驴

Equus kiang **Moorcroft**

分类地位：奇蹄目马科马属

英文名称：Kiang

中文别名：藏驴、野马

形态特征：体型最大的一种野驴，平均肩高为 140 cm 左右。外形与蒙古野驴相似。头部较短，耳较长，能够灵活转动。吻端圆钝，颜色偏黑。全身被毛以红棕色为主，耳尖、背部脊线、鬃毛、尾部末端被毛颜色深，吻端上方、颈下、胸部、腹部、四肢等处被毛污白色，与躯干两侧颜色界线分明。

生物学特征：栖居于海拔 3 600 ～ 5 400 m 的地带、营群居生活，擅长奔跑，警惕性高。喜欢吃茅草、苔草和蒿类的一种大型草食动物。每年的 7—12 月为繁殖季节，每胎产 1 仔。

保护级别：国家一级保护动物；列入《中国脊椎动物红色名录》（等级：近危）。

（摄影：张翔）

96. 喜马拉雅旱獭
Marmota himalayana (Hodgson)

分类地位： 啮齿目松鼠科旱獭属

英文名称： Himalayana Marmot

中文别名： 哈拉、雪猪

形态特征： 体短身粗，成年长40～50 cm，体重5～10 kg。无颈，尾、耳皆短，耳壳黑色。头骨粗壮，上唇为豁唇，上下各有一对门齿露于唇外，两眼为圆形，眶间部宽而低平，眶上突发达，骨脊高起，身体各部肌腱发达有力。四肢短而强，前足 4 趾，后足 5 趾，可直立行走；体毛短而粗，毛色因地区、季节和年龄变异。被毛多为棕、黄、灰色。母獭有 6 ～ 7 对乳头。

生物学特征： 栖息于平原、山地的各种草原和高山草甸。集群穴居，挖掘能力甚强。当气温长时间低于 10℃以下时，就自然冬眠，时间可长达 3 ～ 6 个月，当气温转暖后自然苏醒。春季是旱獭配种的季节。一般年产 1 ～ 2 胎，每胎产仔 6 ～ 8 只，多者达 12 只以上。

保护级别： 无

摄影：马鸣

摄影：张翔

97. 高原兔
Lepus oiostolus Hodgson

分类地位： 兔形目兔科兔属

英文名称： Grey Tailed Rabbit, Woolly Hare

中文别名： 灰尾兔、绒毛兔

形态特征： 体长 35 ～ 56 cm，尾长 7 ～ 12 cm，成体体重约 3 kg。四肢强劲，腿肌发达而有力，前腿较短，具 5 趾；后腿较长，肌肉、筋腱发达强大，具 4 趾，脚下的毛多而蓬松。耳长向前折超过鼻端，约 11.5 cm，大于后足长。毛长而柔软，底绒丰厚。尾较短。冬毛颈部浅黄，略带粉红色；耳端外侧黑色，体侧面有长的白毛；臀部灰色。夏毛背部沙黄褐色，头颈和鼻部中央毛基灰而尖端沙黄、黑色或杂少量全黑之毛。眼周毛色稍浅，颊部毛色沙黄，其间杂有全黑或具白尖的针毛。臀毛灰色。

生物学特征： 栖息于海拔 2 100 ～ 4 000 m 的高山地带、高山草原、高山草甸草原、河谷及河漫滩灌丛等。白天活动，在农业区以作物的幼茎、嫩芽、花、果实和块根以及各种杂草为食。每年繁殖 2 ～ 4 胎，4—8 月繁殖，每胎产 4 ～ 6 仔。

保护级别： 列入《国家保护的有益的或者有重要经济、科学研究价值的陆生野生动物名录》。

98. 柯氏鼠兔
Ochotona koslowi (Buchner)

分类地位：兔形目鼠兔科鼠兔属

英文名称：Koslov's Pika

形态特征：体型系本属之大型种之一，体长 20 cm 左右，体重 150～180 g。唇周围非黑褐色。眼睛较大。耳壳短而圆，其长不逾 3 cm，耳背面黄白色或淡黄色。前肢短，后肢较长，无尾。躯体上面毛色呈淡黑色或浅黄褐色，下面灰白色或浅黄白色。

生物学特征：栖息于海拔 4 200 m 以上的高寒草原和荒漠化高寒草原，优势植物为紫花针茅、羽柱针茅、硬叶苔草和垫状驼绒藜等。群居营昼间活动，每年繁殖 1～2 胎。

保护级别：列入《中国脊椎动物红色名录》（等级：濒危）。

（摄影：李维东）

99. 高原鼠兔

Ochotona curzoniae Hodgson

分类地位： 兔形目鼠兔科鼠兔属

英文名称： Plateaul Pika

中文别名： 黑唇鼠兔

形态特征： 体形中等，耳小而圆，肢略长于前肢，前后足的指（趾）垫常隐于毛内，爪较发达，雌兽乳头 3 对。吻、鼻部被毛黑色，耳背面黑棕色。从头脸部经颈、背至尾基部沙黄或黄褐色，向两侧至腹面颜色变浅。腹面污白色，毛尖染淡黄色泽。门齿孔与腭孔融合为一孔，犁骨悬露。额骨上无卵圆形小孔。

生物学特征： 栖居于海拔 3 100 ～ 5 100 m 的高寒草甸、高寒草原地区。营家族式生活，穴居，白昼活动。以各种牧草为食，不冬眠。繁殖从 4 月开始，5 月为孕期高峰，至 8 月结束。每胎通常产 3 ～ 4 仔，每年可繁殖 2 胎。

保护级别： 无

（摄影：马鸣）

100. 大耳鼠兔
Ochotona daurica (Pallas)

分类地位： 兔形目鼠兔科鼠兔属

英文名称： Large-ear Pika; Daurian Pika

中文别名： 草原鼠兔、蒙古鼠兔

形态特征： 吻侧须极长，后伸可达前肢后方。后肢稍长于前肢，足垫小。夏毛体背由吻端经颈、背部至臀部均为红棕色，毛基灰黑色，毛尖红棕色；背部灰棕黄色，背部中央毛尖黑色；颈背有一小块暗黄色毛；耳壳内外侧密被纯黄棕色短毛；体腹面与四肢内侧白毛，毛基暗灰色；前足、后足背灰色。头骨较粗短。

生物学特征： 典型的草原动物，一般栖息于沙质或半沙质的山坡、平原及高山草甸平原。营群栖穴居生活。繁殖期 4—10 月，6 月繁殖率最高。一年繁殖两次，每胎 5 ～ 6 只。

保护级别： 无

（摄影：李维东）

主要参考文献

[1] 阿布力米提•阿布都卡迪尔，高行宜．1988. 东昆仑—阿尔金山地区啮齿动物区系与生态地理分布 [J]. 干旱区研究，(4): 60-66.

[2] 白学良．1989. 内蒙古苔藓植物志 [M]. 呼和浩特：内蒙古大学出版社．

[3] 崔乃然，彼得•爱克夫．1993. 阿尔金山自然保护区植物区系组成及其特征 [J]. 新疆师范大学学报（自然科学版），12(1): 47-53.

[4] 高行宜．1987. 东昆仑—阿尔金山地区的鸟类 [J]. 干旱区研究，(4): 1-10, 46.

[5] 谷景和．1987. 新疆东昆仑—阿尔金山地区的有蹄类动物 [J]. 干旱区研究，(4): 56-68.

[6] 谷景和．1991. 新疆东昆仑—阿尔金山的动物区系与动物地理区划 [M]. 北京：科学出版社．

[7] 国家林业局．1999. 农业部令 1999 年第 4 号 国家重点保护野生植物名录（第一批）[Z].

[8] 国家林业局．2000. 国家保护的有益的或者有重要经济、科学研究价值的野生陆生动物名录 [J]. 野生动物，21(5): 58, 63.

[9] 海鹰，曾雅娟．2010. 新疆阿尔金山国家级自然保护区种子植物区系研究 [J]. 新疆师范大学学报（自然科学版），29(2): 1-6.

[10] 胡红英，黄人鑫，侯彦君，等．2013. 新疆昆虫原色图鉴 [M]. 乌鲁木齐：新疆大学出版社．

[11] 黄人鑫，毛新芳，吴卫，等．2005. 新疆荒漠昆虫区系及其形成与演变 [M]. 乌鲁木齐：新疆科技出版社．

[12] 黄人鑫．1986. 东昆仑—阿尔金山地区蝶类考察报告 [J]. 新疆大学学报（自然科学版），3(1): 85-87.

[13] 黄人鑫．1987. 新疆东昆仑—阿尔金山昆虫的分布与地理区划 [J]. 新疆大学学报（自然科学版），4(3): 70-76.

[14] 蒋志刚，江建平，王跃招，等．2016. 中国脊椎动物红色名录 [J]. 生物多样性，24 (5): 500-551.

[15] 黎兴江．1985. 西藏苔藓植物志 [M]. 北京：科学出版社．

[16] 李维东．2013. 新疆阿尔金山国家级自然保护区综合科学考察 [M]. 乌鲁木齐：新疆人民出版社，新疆科学技术出版社．

[17] 鲁佳雄，朱丽得孜•艾山，伊龙，等．2015. 阿尔金山自然保护区鞘翅目昆虫区系调查分析 [J]. 干旱区研究，32(6): 1207-1212.

[18] 马鸣，戴昆．1989. 昆仑山地区两栖爬行动物调查 [J]. 干旱区研究，(3): 59-61.

[19] 马鸣, 胡宝文, 梅宇, 等. 2010. 昆仑山中段初冬鸟类调查及其多样性分析 [J]. 干旱区研究, 27(2): 230-235.

[20] 马鸣. 新疆鸟类分布名录 [M]. 北京: 科学出版社.

[21] 马鸣, 张同, 张会斌, 等. 2013. 阿尔金山—昆仑山鸟类区系调查 [J]. 动物学杂志, 48(1): 65-74.

[22] 谭略, 杨荣和, 努尔曼古丽, 等. 2007. 阿尔金山自然保护区野生动物的种类及其保护利用 [J]. 草食家畜, 134(1): 21, 25.

[23] 王岐山, 马鸣, 高育仁. 2006. 中国动物志（鸟纲, 第五卷）[M]. 北京: 科学出版社.

[24] 吴征镒. 1983—1987. 西藏植物志（第 1—5 卷）. 北京: 科学出版社.

[25] 新疆植物志编辑委员会. 1992—2004. 新疆植物志（第 1—6 卷）. 乌鲁木齐: 新疆科技卫生出版社.

[26] 袁国映. 1991. 阿尔金山和东昆仑山的垂直自然带 [J]. 干旱区资源与环境, 5(1): 78-86.

[27] 张百平. 1991. 阿尔金山自然保护区（库木库勒盆地）的自然环境和动物资源 [J]. 干旱区资源与环境, 5(1): 87-95.

[28] 张同, 马鸣, 张翔, 等. 2012. 东昆仑—阿尔金山地区黑颈鹤种群分布与秋季数量变化 [J]. 动物学杂志, 47(6): 31-35.

[29] 郑光美, 王岐山. 1998. 中国濒危动物红皮书 • 鸟类 [M]. 北京: 科学出版社.

[30] 郑光美. 2017. 中国鸟类分类与分布名录 [M]. 第三版. 北京: 科学出版社.

[31] 郑作新, 李德浩, 王祖祥, 等. 1983. 西藏鸟类志 [M]. 北京: 科学出版社.

[32] 中国科学院中国植物志编辑委员会. 1959—2002. 中国植物志（第 9—80 卷）. 北京: 科学出版社.

[33] 周嘉腐, 李思华, 谷景和. 1985. 昆仑—阿尔金山盆地兽类初步考察 [J]. 兽类学报, 5(2): 160.

[34] 周永恒, 陈永国. 1985. 昆仑—阿尔金山陆栖脊椎动物的地理分布特征 [J]. 新疆八一农学院学报, (2): 1–10, 79-81.

[35] del Hoyo J & Collar N J. 2014, 2016. HBW and Birdlife International Illustrated Checklist of the Birds of the World. Vol. 1. Non-passerines, Vol. 2. Passerines[M]. Barcelona: Lynx Edicions.

[36] Wu Z Y, Raven P H & Hong D Y. 1994—2013. Flora of China, (Vol. 4—25)[M]. Beijing: Science Press & St. Louis: Missouri Botanical Garden Press.

中文索引

英文索引

A

C

D

E

R

S